图说
特种果树
优质高效栽培技术

于强波　张振东　孟凡丽　编著

化学工业出版社

·北京·

内容简介

本书结合生产实际，主要介绍了蓝莓、软枣猕猴桃、无花果、树莓、黑穗醋栗五种特种果树的栽培与利用技术，重点从各特种果树的主要品种、育苗与建园、日常管理和栽培管理等方面进行详细介绍。本书附百余幅高清彩色图片，使品种选择与实操技术更加直观，基本能够满足读者日常学习和生产的需要。

本书适合从事特种果树生产企业的技术人员、管理人员参考，也可作为科技推广人员和特种果树种植者的培训教材使用。

图书在版编目（CIP）数据

图说特种果树优质高效栽培技术/于强波，张振东，孟凡丽编著. —北京：化学工业出版社，2024.1

ISBN 978-7-122-44345-8

Ⅰ.①图… Ⅱ.①于… ②张… ③孟… Ⅲ.①果树园艺-图解 Ⅳ.① S66-64

中国国家版本馆CIP数据核字（2023）第201305号

责任编辑：孙高洁　刘　军　　　　文字编辑：李　雪
责任校对：宋　夏　　　　　　　　装帧设计：关　飞

出版发行　化学工业出版社
　　　　　（北京市东城区青年湖南街13号　邮政编码100011）
印　　装　北京宝隆世纪印刷有限公司
880mm×1230mm　1/32　印张5¼　字数163千字
2024年5月北京第1版第1次印刷

购书咨询：010-64518888　　　　售后服务：010-64518899
网　　址：http://www.cip.com.cn
凡购买本书，如有缺损质量问题，本社销售中心负责调换。

定　　价：39.80元　　　　　　　　版权所有　违者必究

前 言

　　我国果树栽培历史悠久，种类和品种也极为丰富。其中，特种果树因其果实的营养价值较高、口味独特、有一定的保健作用、对环境的适应性强，而具有较高的开发利用潜力和经济价值，受到越来越多消费者的青睐，在行业内占据了非常重要的地位。特种果树人工栽培利用的历史较短，是仍处在开发或尚未开发状态的果树种质资源，其产业化种植与加工将成为我国林果业一个新的经济增长点。开发利用特种果树，对建设生态农业及观光农业、促进农业产业种植结构调整、帮助农民增收致富、推进农业产业化具有十分重要的意义。

　　编著者长期从事特种果树的教学及科研工作，结合了丰富的教学经验和科研成果编写完成本书，以期为培养特种果树种质资源开发人才、发掘已开发特种果树利用潜力、加快特种果树产业化建设助力。本书以蓝莓、软枣猕猴桃、无花果、树莓、黑穗醋栗等经济价值高、栽培面积大、发展迅速的特种果树为对象，就其栽培利用历史及现状、生物学特性、主要品种、育苗技术、建园技术、日常管理技术、设施栽培管理技术等方面的内容进行详细介绍。不同特种果树种类独立成章，依不同树种的特性及研究现状各有侧重，力求将理论与实践有机地结合起来，满足实际生产需要。

　　需要特别说明的是，本书中所用药物及其使用剂量仅供读者参考，不可照搬。在实际生产中，所用药物学名、常用名和实际商品名称有差异，药物浓度也有所不同，建议读者在使用每一种药物之前，参阅厂家提供的产品说明书，科学使用药物。

　　编著者在本书的编写过程中查阅了大量的著作和文献，在此向众多研究者表示由衷的感谢。由于时间仓促，加之编著者水平所限，书中难免有疏漏之处，恳请广大读者见谅并批评指正，在此深表感谢！

编著者

2023年12月

目录

第一章
蓝莓栽培与利用

第一节 认识蓝莓

一、概述

蓝莓属于杜鹃花科，越橘属植物，为多年生落叶或常绿灌木，或小灌木树种。蓝莓果实呈蓝色，披一层白色果粉；果肉细腻，果味酸甜，风味独特；营养丰富，富含熊果苷、花青苷等丰富的抗氧化成分，及其他对人体健康有益的物质。因此，蓝莓果实被联合国粮农组织列为人类五大健康食品之一，蓝莓树种被认为是21世纪最有发展前途的新兴高档果树树种。

（一）栽培利用历史

蓝莓驯化研究始于美国，1906年，F.V.Coville首先开始了野生蓝莓选种工作，于1937年将选出的15个品种进行商业性栽培。20世纪30年代，美国蓝莓开始进入商业性大面积栽培阶段，并已选育出了上百个优良品种。北美蓝莓研究水平在世界处于领先地位。

欧洲有丰富的野生蓝莓资源，1923年，在荷兰建立了第一个高丛蓝莓种植园，荷兰的蓝莓生产发展很快，集中在南方各省。德国主产区集中在北部。法国主要集中在西南部。意大利、奥地利也有蓝莓的商业性栽培。

澳大利亚和新西兰两国主要栽培高丛蓝莓和兔眼蓝莓。两国利用南北两半球的气候季节差异，将南半球生产的蓝莓出口到北半球，供应冬季市场。且两国蓝莓产业发展很快，已经选育出了一些适合当地气候条件的优良品种。

日本是亚洲栽培蓝莓较多的国家。日本自1951年引进蓝莓后，大约经历了20年的时间，蓝莓作为一种新型水果才被消费者接受。1980年，认识到了蓝莓的保健功能后，蓝莓产业发展加快，目前发展迅速，主要产区为长野、岩手、群马、栃木等地。日本消费者主要偏爱大果、味甜、口感上乘的品种。此外，由于蓝莓的叶片秋季变红，有较高的观赏价值，目前有一些具有一定规模的蓝莓种植园，同时具有观光农园和生产园的性质。

中国有着丰富的蓝莓资源，其中，笃斯越橘和红豆越橘的栽培面积最大，产量最多。主要分布于西南、华南、东北等地区，集中分布在大兴安岭、小兴安岭、长白山。20世纪50年代，大兴安岭地区的牙克石酒厂曾以当地主产的红豆越橘和笃斯越橘为原料酿造蓝莓酒，长白山区的漫江酒厂也曾酿造过蓝莓酒。20世纪80年代，吉林省安图县山珍酒厂酿造的蓝莓酒，曾获轻工业部银质奖。在此期间，吉林省长白县、浑江区、汪清县，内蒙古的根河市，黑龙江省的黑河市加工利用野生蓝莓资源，一度形成热潮。但均由于产量不稳定，并受其他因素干扰，未能形成稳定的商品生产规模。近年来，由于蓝莓在世界范围内兴起，我国各进出口公司纷纷到大兴安岭收购蓝莓，制成速冻果销往海外。

吉林农业大学等于20世纪70年代末期至80年代初期，对蓝莓品种选育、快速繁殖、栽培技术以及野生资源的保护利用等进行了系统研究。1990年，从美国、加拿大、德国、芬兰等国引进栽培品种21种，包括矮丛蓝莓、半高丛蓝莓、高丛蓝莓和红豆越橘四大类。到1997年，引入的品种已达70余种。1989年，研发了蓝莓组织培养工厂化育苗技术。扩繁后，在长白山的安图、松江河、浑江、蛟河等不同生态区建立了5个蓝莓引种栽培基地。1995年，初步选出适宜长白山区栽培的蓝莓优良品种4个，并开始生产推广，对一些基本的育苗技术、栽培技术和土壤管理技术等作了研究，并对我国蓝莓的发展提出了一些有益的建议，如提出了蓝莓栽培的区域化，并对其进行了深入探讨。这些研究是我国发展蓝莓产业的宝贵财富。1999年，吉林农业大学与日本环球贸易公司合作，率先在我国开展了蓝莓的产业化生产栽培工作。2000年开始，相继在辽宁、山东、黑龙江、北京、江苏、浙江、四川等地引种试栽。2004年，在吉林、辽宁和山东省蓝莓栽培面积发展到300hm²，总产量300t，产品80%出口日本，露地鲜果价格为8～10美元/kg，设施栽培蓝莓鲜果价格为15～20美元/kg。截至2020年，国内种植已经遍布全国各个省市，总面积66400hm²，产量347200t。

（二）生产发展趋势

在世界范围内，蓝莓栽培面积逐步扩大，蓝莓生产向着高度企业化、规模化和产、供、销一体化方向发展。

由于蓝莓小浆果的经济效益较高，种植面积迅速增加，北美地区年增长速度为30%，南美地区50%，东欧国家30%。蓝莓栽培规模化、企业化，及生产、加工、包装和销售一体化，使得生产商能够根据生产目的确定栽培品种，鲜食型品种宜选择果实大、风味佳、耐贮运品种，而加工型品种应注重加工品质。

我国蓝莓的国际和国内市场具有巨大的发展潜力。目前许多跨国公司已经与我国合作，如日本环球贸易公司与吉林农业大学合作，开展了大果鲜食蓝莓的产业化生产；德国的拜尔纳瓦德公司已在我国投资建厂，进行小浆果的生产和加工。但与国外发达国家100多年的科研和产业化生产相比，我国蓝莓产业才刚刚起步，在蓝莓国际化贸易的大背景下，面临着严峻的挑战，蓝莓大面积产业化生产和完善的产品市场建设需求迫切，同时也在优良品种选育技术、绿色无公害优质丰产栽培技术、果实采收和加工技术等方面向我们提出了新的更高的要求。

（三）营养成分

蓝莓果实味道鲜美，含有大量对人体健康有益的物质。除了含有常规的糖、酸外，还含有丰富的抗氧化成分，如维生素C、维生素E、维生素A和β-胡萝卜素等。1986年美国塔夫茨大学农业中心在互联网上发布的研究报告表明：在40多种水果和蔬菜中，蓝莓的抗氧化活性最高，而且其不含脂肪和胆固醇，钠的含量也很低。蓝莓果实中还含有大量的天然色素，国外已从中广泛提取天然食用色素，并用作饮料染色剂和食用着色剂。蓝莓总糖含量为鲜重的10%以上，葡萄糖和果糖占总糖含量的97.9%～99.5%。总酸含量相对较高，范围在1%～2%，主要的有机酸为柠檬酸。蓝莓果实还含有较多的鞣花酸，鞣花酸被认为具有降低患癌风险的作用。每100g鲜蓝莓果实中维生素C含量约为22.1mg，与其他水果和蔬菜相比，处于中等较低的水平。氨基酸含量中等偏低，与其他水果不同的是，精氨酸为其主要的氨基酸。此外，蓝莓鲜果中含有花青苷色素，含量高且种类丰富。花青苷色素主要位于蓝莓果实的紫色果皮部位，果皮的颜色可能是由5种花青苷形成的15种花色素的含量比例而决定（表1-1）。

表1-1　蓝莓果实营养成分与功能因子（胡雅馨等，2006）

营养成分与功能因子		含量（鲜果）
大量营养素	蛋白质	400～700mg/100g
	脂肪	500～600mg/100g
	碳水化合物	12.3～15.3mg/100g
微量营养素	维生素A	24.3～30μg/100g
	维生素E	2.7～9.5μg/100g
功能因子	超氧化物歧化酶	5.39IU/100g
	花青苷色素	0.07～0.15g/100g
微量元素	钙	220～920μg/g
	磷	98～274μg/g
	镁	114～249μg/g
	锌	2.1～4.3μg/g
	铁	7.6～30.0μg/g
	锗	0.8～1.2μg/g
	铜	2.0～3.2μg/g

二、种类与主要品种

（一）种类

根据树体特征、生态特性及果实特点，将蓝莓划分为南高丛蓝莓、北高丛蓝莓、半高丛蓝莓、兔眼蓝莓、矮丛蓝莓五个品种群。

南高丛蓝莓品种群原产于美国东南部亚热带。分布于沿海及内陆沼泽地，耐湿热，喜湿润、温暖气候，冷温需要量低于600h，但抗寒力差，适于我国黄河以南地区如华东、华南地区种植。南高丛蓝莓果实比较大，直径可达1cm，具有成熟期早、鲜食口味佳的特点。我国山东青岛的蓝莓果实在5月底到6月初成熟，南方地区成熟期更早，这一特点使得南高丛蓝莓在我国南方的江苏、浙江等省具有重要的栽培价值。

北高丛蓝莓品种群原产于美国东北部。对土壤要求严格，分布在河流边缘沙质地、沿海柔软湿地、内陆沼泽地及山区疏松土壤上。要求湿度大，喜冷凉气候，抗寒力较强，有些品种可抵抗−30℃低温，适于我国北方沿海湿润地区及寒地种植。树高1～3m。果实大，直径可达1cm。果实品质好，口味佳，宜鲜食。可以作为鲜果销售市场品种栽培，也可以加工或庭院自用栽培，是目前世界范围内栽培最为广泛、栽培面积最大的品种群类型。

半高丛蓝莓是由高丛蓝莓和矮丛蓝莓杂交获得的品种类型，由美国明尼苏达大学和密歇根大学率先开展此项工作。育种的主要目标是通过杂交选育出果实大、品质好、树体相对较矮、抗寒力强的品种，以适应北方寒冷地区栽培。此品种群株高一般50～100cm，果实比矮丛蓝莓大，但比高丛蓝莓小，抗寒力强，一般可抗−35℃低温。

兔眼蓝莓品种群株高2～5m，是由5个四倍体种杂交而成的异源六倍体杂种组成的品种群。原产于美国东南部的佛罗里达州北部、佐治亚州东部及南部到南卡罗来纳州和亚拉巴马州东南部，最大的产区是佐治亚州，约占全国该种栽培总面积的一半。一般而言，兔眼蓝莓比高丛蓝莓的生态适应性好，生长势和抗虫性较强，并且丰产、果实坚实、耐贮藏、需冷量少。在早期栽培时，其最大的缺点是果实品质不如高丛蓝莓好，但经过育种学家的努力，特别是在1960年以后推出的品种，果实品质得到了较大的改善，提高了市场竞争力。

矮丛蓝莓品种群抗旱能力较强，在−40℃低温地区可以栽培。在北方寒冷山区，30cm的积雪可将树体覆盖，从而确保安全越冬。对栽培管理技术要求简单，极适宜于我国东北高寒山区大面积商业化栽培。但由于果实较小，果实可用作加工原料，因此大面积商业化栽培应与果品加工技术配套发展。

（二）主要优良品种

1. 南高丛蓝莓品种群

（1）'奥尼尔' 1987年推出的杂交品种。树体半开张，分支较多。开花早且花期长，但由于花芽开花较早，容易遭受早春霜害。果实中大，果蒂痕干，质地硬，鲜食风味佳。极早熟。早期丰产能力强，极丰产。该品种适宜机械采收。抵抗茎干溃疡病。冷温需要量为400h（图1-1）。

图1-1 '奥尼尔'

（2）'薄雾' 1992年推出的杂交品种。树体直立，生长势强。在非过量结果的情况下，果实品质优良，果大而坚实，色泽美观，果蒂痕小且干，坚实度好，有香味，在我国长江流域栽培无裂果现象。中熟，成熟期比'奥尼尔'晚3～5天。易扦插繁殖。栽植该品种需要注意一定要加强修剪，由于枝条过多，花芽量大，很容易造成树体早衰。冷温需要量150h。

（3）'绿宝石' 1999年美国佛罗里达大学选育的品种，为美国专利品种，专利号为PP12165。于1991年杂交，亲本为FL91-69XNC1528。树体生长健壮，半开张，果实极大。果实蓝色，果蒂痕小且干，质地极硬，果实口味甜略有酸味。成熟期极早，且较集中。产量高，抗寒力强，抗病抗虫能力强，是很有发展前途的南高丛优良品种。冷温需要量250h（图1-2）。

（4）'蓝宝石' 1998年佛罗里达大学选育的品种，为美国专利品种，专利号为PP11829。于1980年杂交，亲本不详，主要是以密歇根和新泽西筛选的大果、高品质品系与佛罗里达野生种'Vacciniumdarrowi'杂交获得。树体生长中等健壮，半开张或开张。果实大，蓝色，果蒂痕小且干，质地极硬，味甜，风味佳。丰产能力中等。高抗茎干溃疡病。冷温需要量200h（图1-3）。

图1-2 '绿宝石'　　　　　　　　图1-3 '蓝宝石'

2. 北高丛蓝莓品种群

（1）'**蓝塔**' 1968年美国农业部和新泽西州农业部合作选育品种，是由（'North Sedwick'בCoville'）ב Earliblue'杂交育成，为早熟品种。树体生长中等健壮，矮且紧凑。果实中大，淡蓝色，质地硬，果蒂痕大，口味比其他早熟品种佳。连续丰产性强，耐贮运性强，抗寒性强。冷温需要量>800h（图1-4）。

（2）'**都克**' 1986年美国农业部与新泽西州农业试验站合作选育，为早熟品种。树体生长健壮、直立，果实中等大，浅蓝色，质地硬，果

图1-4 '蓝塔'

蒂痕小且干，风味柔和，有香味。极为丰产稳产，连续丰产性强（图1-5）。

（3）'瑞卡' 1988年新西兰国家园艺研究所选育的品种，为美国专利品种，专利号为PP6700。于1975年杂交，亲本为'E118'（'Ashworth'בEarliblue'）×'Bluecrop'，为早熟品种。树体生长健壮、直立。果穗大而松散。果实暗蓝色，中等大小，果实直径12～14mm，平均单果重1.8g，质地硬，口味极佳，采收容易。丰产能力极强，可达12kg/株。对矿质

图1-5 '都克'

土壤的适应能力强。栽培时需要修剪花芽，以避免结果过多。

（4）'雷戈西' 早熟品种，比'蓝丰'品种早熟一周。树体生长直立，分支多，内腔结果多。果实蓝色，果大，质地很硬，果蒂痕小且干，含糖量很高，甜味，鲜食口味极佳。丰产，为鲜果生产优良品种。这一品种被认为是目前鲜果中品质最好的品种之一。

（5）'北卫' 1976年美国选育，由'Dixi'ב'Michigan LB-1'杂交育成，为中早熟品种。树体半直立，生长势强。果实悦目、蓝色，果大，略扁圆形，果蒂痕极小且干，质地硬，口味极佳。不耐贮运，建议在自采果园中种植。极抗寒，耐-29℃低温。抗根腐病。此品种为北方寒冷地区鲜果市场销售和庭园栽培首选品种。

（6）'蓝丰' 1952年美国由（'Jersey'ב'Pioneer'）×（'Stanley'ב'June'）杂交选育，为中熟品种，是美国密歇根州主要品种。树体生长健壮，树冠开张，幼树时枝条较软。果实淡蓝色，果大，果粉厚，果蒂痕干，肉质硬，具清淡芳香味，未完全成熟时略酸，口味佳。极丰产，且连续丰产能力强，是鲜果销售优良品种。抗寒力强。其抗旱能力在北高丛蓝莓中最强。

（7）'蓝金'　1988年美国发表的品种，中熟，非常丰产。树体长势中庸，比较直立，树冠紧凑，为圆球形，树高1.0～1.5m。中型果，果实整齐度好，颜色亮丽，果蒂痕浅，质地非常硬，品质佳。果实非常耐储，货架期非常长。成熟期集中，因此人工采摘和机械采收最经济。推荐'蓝金'作为鲜果市场或加工市场的优选品种。

（8）'德雷珀'　由美国密歇根州2003年选育的中早熟品种。植株直立，树势中等。果实大，果蒂痕小，果肉硬度大，风味好。抗寒性强，耐储运，作为新品种已开始在冬季较寒冷地区大量栽培（图1-6）。

（9）'利珀蒂'　由美国密歇根州2003年选育的晚熟品种。植株直立，树势强。果实大而硬，果蒂痕小，风味好。丰产，抗寒性强，作为新的晚熟品种在温带种植区具有巨大的发展潜力（图1-7）。

图1-6　'德雷珀'　　　　　　　　图1-7　'利珀蒂'

3.半高丛蓝莓品种群

（1）'北陆'　1968年美国密歇根大学农业试验站选育，由'Berkeley'×（'Lowbush'×'Pioneer'实生苗）杂交育成，为中早熟品种。树体生长健壮，树冠中度开张，成龄树高可达1.2m。果实中大、圆形、蓝色，质地中硬，果蒂痕小且干，成熟期较为集中，口味佳。极丰产，抗寒，是美国北部寒冷地区主栽品种（图1-8）。

（2）'奇伯瓦'　美国明尼苏达大学1996年选育的品种，为中早熟品种。树体生长健壮、直立，高约1m。果实中大，天蓝色，果肉质地硬，口味甜。丰产，可达1.4～5.5kg/株。配置授粉树可增加产量和增大果个。抗寒力强，是适宜北方寒冷地区栽培的优良品种（图1-9）。

图1-8 '北陆'

4. 矮丛蓝莓品种群

'美登' 是1970年加拿大农业部肯特维尔研究中心从野生矮丛蓝莓选出的品种'Augusta'与品系451杂交后代选育出的品种，中熟品种。树体生长健壮。果较大，近球形，浅蓝色，被有较厚果粉，风味好，有清淡宜人香味。在长白山7月中旬成熟，成熟期一致。丰产，我国长白山区引种栽培的5年树龄的树平均株产量0.83kg，最高达1.59kg。抗寒力极强，在长白山区可安全露地越冬。对细菌性溃疡病抗性中等，虫害少。为高寒山区发展蓝莓的首推品种（图1-10）。

图1-9 '奇伯瓦'

图1-10 '美登'

第二节 蓝莓育苗与建园

一、苗木培育

蓝莓的繁殖方法较多，总体分为有性繁殖和无性繁殖。有性繁殖主要是实生播种，缺点是容易发生性状分离；无性繁殖主要以扦插繁殖为主，其他方法如分株繁殖、组培繁殖、嫁接繁殖等。目前，蓝莓组织培养工厂化育苗技术在我国已经完全成熟，成为我国蓝莓育苗的主要方式，为蓝莓产业的壮大发展提供了大量优质无毒苗木。由于组培方法需要的技术条件高、投入成本较大，在我国目前的小型育苗中主要采用绿枝扦插的方法。

蓝莓在生产上通常使用扦插繁殖方法。蓝莓扦插繁殖因品种群而异，高丛蓝莓主要采用硬枝扦插，兔眼蓝莓采用绿枝扦插，矮丛蓝莓绿枝扦插和硬枝扦插均可。

（一）硬枝扦插

硬枝扦插主要应用于高丛蓝莓。但因品种不同，生根难易不同。'蓝线''卢贝尔''泽西'硬枝扦插生根容易，而'蓝丰'则生根困难。硬枝扦插流程如图1-11所示。

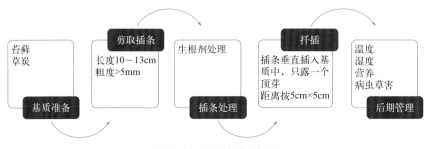

图1-11　硬枝扦插流程

1.扦插前准备

（1）剪取插条时间　育苗数量较少时，剪取插条在春季萌芽前（一般3～4月）进行，随剪随插，可以省去插条贮存。但大量育苗时需提前剪取插条，一般枝条萌发需要800～1000h的冷温，因此，剪取的时间应确保枝条已有足够的冷温积累，一般来说，2月份比较合适。

（2）插条选择　插条应从生长健壮、无病虫害的树上剪取。硬枝插条可在冬季修剪果树时剪取，也可在扦插前剪取。插条应选生长健壮枝条的中部和下部，选硬度大、成熟度良好且健康的枝条，尽量避免选择徒长枝、髓部大的枝条和冬季发生冻害的枝条。

蓝莓花芽枝生根率往往较低，而且根系质量差。插条位于枝条上的部位对生根率影响也很显著，枝条的基部作为插条，无论是营养枝还是花芽枝，生根率都明显高于上部枝条作插条。因此，应尽量选择枝条的中下部进行扦插。

若果园中有病毒病害发生，取插条树离病树至少应在15m以上。不选顶部带花芽的或不充实的部分，不选细弱枝。插条长度一般为8～10cm，稍长一些也可以。较长的插条成活后成苗较快，但枝条用量较大。削插条工具要锋利，切口要平滑。上部切口为平切，下部切口为斜切。下切口正好位于芽下，这样可提高生根率。

（3）**插条处理** 插条剪取后每50～100根一捆，埋入锯末、苔藓或河沙中，温度控制在2～8℃之间、湿度50%～60%。低温贮存可以促进生根。

（4）**生根剂处理** 生根剂的使用方法分为低浓度慢浸和高浓度速蘸。对不易生根的品种可以采取低浓度慢浸即浸蘸生根粉的方法来提高生根率，将插条基部3～5cm用100～200mg/L的萘乙酸或吲哚乙酸、吲哚丁酸浸泡24h。对容易生根的品种采取高浓度速蘸的方法，即对插条基部用浓度1000～2000mg/L的萘乙酸或吲哚乙酸溶液处理3～5s。也可使用ABT1生根粉或国光生根粉等，但要注意不同品种生根难易不同，使用浓度有差别，可通过查阅文献资料参考使用浓度或先进行小规模试验后再确定合理的使用浓度。

2. 扦插

一切准备就绪后，将基质浇透水，保证有一定湿度但不积水，含水量一般以50%～60%为宜。然后将插条按5cm×5cm的间距垂直插入基质中，只露一个顶芽。扦插不要过密，否则一是会造成生根后苗木发育不良，二是容易引起细菌侵染，使插条或苗木腐烂（图1-12）。

图1-12
蓝莓硬枝扦插

3. 扦插后管理

（1）立拱盖膜覆网　扦插后为了保持湿度，可以在插床上方立小拱棚，拱棚应高于扦插床50～60cm，然后覆盖透光性好的塑料薄膜。为了防止日照过强，需要在棚膜上覆盖透光率为50%左右的遮阳网。

（2）水分管理　扦插后应经常浇水，以保持土壤湿度，但应避免浇水过多或浇水过少。水温较高时应等水放凉之后再浇，以免伤苗。水分管理最关键的时期是5月初至6月末，此时叶片已展开，但插条尚未生根，水分不足容易造成插条死亡。顶端叶片开始转绿，标志着插条已开始生根。

（3）温度及光照管理　扦插后白天拱棚内适宜温度为22～28℃，夜晚温度应不低于8℃。当温度超过28℃时应及时揭膜降温；夜晚若低于8℃，应加盖覆盖物保温。中午光照过强、温度过高时，应及时覆盖遮阳网，通过遮阴来控制拱棚内温度。

（4）营养管理　扦插前基质中不要施任何肥料，扦插后在生根以前也不要施肥。插条生根以后开始施入肥料，以促进苗木生长。施肥应以液态施入，用13-26-13（指氮、五氧化二磷、氧化钾有效成分含量，后同）或15-30-4完全肥料，浓度约为3%，每周1次，每次施肥后喷水，将叶面上的肥料冲洗掉，以免伤害叶片。

（5）病虫害防治　扦插育苗期间主要采用通风和去病株方法来控制病害。大棚或温室育苗要及时通风，以减少真菌病害和降低温度。每隔15天左右，向基质和小苗上喷50%多菌灵粉剂500～700倍液。

（6）撤膜及遮阳网　扦插后第60天前后，插条基部已经发生一定数量的根系，此时外界气温已经很高，可以撤去薄膜和遮阳网，促进根系生长、新梢发育及充分木质化。

（7）苗木抚育　经硬枝扦插的生根苗，于第二年春移栽进行人工抚育。比较常用的方法是用营养钵。栽植营养钵可以是草炭钵、黏土钵、泥土钵和塑料钵，但以草炭钵栽植效果最好，苗木生长较高且分枝数量都较大。营养钵大小要适当，一般以12～15cm口径较好。营养钵内基质用草炭（或腐苔藓）与河沙或珍珠炭按1∶1混合配制，并加入硫黄粉1kg/m^3，苗木抚育1年后再定植。

（8）苗木防寒越冬　生根的苗木一般在苗床上越冬，也可以于9月份进行移栽抚育。如果生根苗在苗床越冬，在入冬前苗床两边应培土。

（二）绿枝扦插

绿枝扦插主要应用于兔眼蓝莓、矮丛蓝莓和高丛蓝莓中硬枝扦插生根困难的品种。这种方法相对于硬枝扦插条件要求严格，且由于扦插时间晚，入冬前苗木生长较弱，因而容易造成越冬伤害。但绿枝扦插生根容易，可以作为硬枝扦插的一个补充。绿枝扦插流程如图1-13所示。

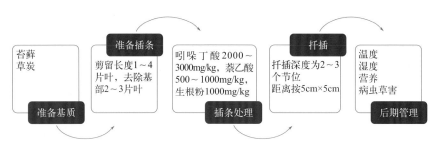

图1-13 绿枝扦插流程

1. 扦插前准备

（1）**剪取插条时间**　剪取插条应在生长季进行。由于栽培区域气候条件的差异，剪取插条没有固定的时间，主要从枝条的发育情况来判断。比较合适的时期是在果实刚成熟期，此时产生二次枝的侧芽刚刚萌发。另外一个合适的时期是新梢的黑点期，此时新梢处于暂时停长阶段。在以上两个时期剪取插条，扦插生根率可达80%～100%，过了这两个时期，扦插生根率将大大下降。

在新梢停长前约1个月剪取未停止生长的春梢进行扦插，不但生根率高，而且比夏季剪插条多1个月的生长时间，一般到6月末时即已生根。用未停长的春梢扦插，新梢上尚未形成花芽原始体，第二年不能开花，有利于苗木质量的提高。而夏季停止生长时剪取插条，花芽原始体已经形成，往往造成第二年开花，不利于苗木生长。因此，春梢一经形成，即可剪插条。插条剪取后立即放入清水中，避免捆绑、挤压、揉搓。

（2）**插条准备**　插条长度因品种而异，一般留4～6片叶，插条充足时可留长些；如果插条不足，可以采用单芽或双芽繁殖，但以双芽繁殖较为适宜，留双芽既可提高生根率，又可节省材料。扦插时为了减少水分蒸发，可以去掉插条上部1～2片叶。枝条下部插入基质，枝段上的叶片去掉，以利于扦插操作。但去叶过多影响生根率和生根后苗木发育。同一新梢不同部位作插条，生根率不同，基部作插条的生根率比中上部低。

（3）生根促进物质应用　蓝莓绿枝扦插时用药剂处理可大大提高生根率。常用的药剂有萘乙酸、吲哚丁酸及生根粉。采用速蘸处理，浓度为萘乙酸500～1000mg/L、吲哚丁酸2000～3000mg/L、生根粉1000mg/L，可有效促进生根。

（4）扦插基质　在美国蓝莓产区，最常用的扦插基质是草炭、河沙（1∶1），或草炭、珍珠炭（1∶1），也可单纯用草炭扦插。我国蓝莓育苗中采用的最理想的基质为草炭。草炭作为扦插基质有很多优点，其疏松、通气好，而且为酸性，营养比较全面，酸性扦插基质可抑制大部分真菌。扦插生根后根系发育好，苗木生长快。

（5）苗床准备　苗床设在温室或塑料大棚内，在地上平铺厚15cm、宽1m的苗床，苗床两边用木板或砖挡住。也可用育苗塑料盘，装满基质。扦插前将基质浇透水。在温室或大棚内最好装置全封闭弥雾设备，如果没有弥雾设备，则需在苗床上扣高0.5m的小拱棚，以确保空气湿度。如果有全日光弥雾装置，绿枝扦插育苗可直接在田间进行。

2. 扦插及插后管理

苗床及插条准备好后，将插条用生根药剂速蘸处理，然后垂直插入基质中，间距以5cm×5cm为宜，扦插深度为2～3个节位（图1-14）。

插后管理的关键是温度和湿度控制。最理想的是利用自动喷雾装置，利用弥雾调节湿度和温度。温度应控制在22～27℃之间，最佳温度为24℃。特别要加强水分管理，因为枝条嫩而夏季温度高，水分供应不足会使插条失水，而过湿又容易引起病害和腐烂，因此要特别处理好保湿和通风的关系。最初可使用薄膜覆盖和遮阴，在插床的一端装置通风扇以保证适当的通风，防止发生水滴凝集。但过度通风又会引起插条失水凋萎，也须防止。每10min喷雾3s的间歇喷雾方式保湿效果很好。在床温超过22℃时必须保持插条的叶面不干，低于22℃时暂停喷雾。一般是白天喷雾和通风，夜间停止。喷雾用水的水质也很重要，不能用塘水，最好是微酸性水，不可含盐。

如果是在棚内设置小拱棚，需人工控制湿度和温度，为了避免小拱棚内温度过高，需要半遮阴。生根前需每天检查小拱棚内温度和湿度，尤其是中午，需要打开小拱棚通风降温，避免温度过高而造成插条死亡。当生根之后，小拱棚撤去，此时浇水次数也应适当减少。及时检查苗木是否有真菌侵染，发现时将腐烂苗拔除，并喷600倍多菌灵杀菌，

图1-14　蓝莓绿枝扦插

控制真菌的扩散。注意病虫害的防治，若发现虫孔，则浇灌辛硫磷，每7天喷施杀菌剂1次。

3. 促进扦插苗生长的技术

扦插苗生根后（一般6～8周）开始施肥，将完全肥料溶于水中，以液态浇入苗床，浓度为3%～5%，每周施入1次。

绿枝扦插一般在6～7月进行，生根后到入冬前只有1～2个月的生长时间。入冬前，在苗木尚未停止生长时，给温室加温，利用冬季促进生长。温室内的温度白天控制在24℃，晚上不低于16℃。

4. 苗木抚育

同硬枝扦插。

5. 休眠与越冬

扦插的蓝莓苗需要在大棚内越冬。贮藏期间注意保湿防鼠。

6. 苗圃管理

第二年苗圃管理以培育大苗、壮苗为目的，应注意以下环节：①经

常灌水，保持土壤湿润；②适当追施氮磷钾复合肥，促进苗木生长健壮；③及时除草；④注意防治红蜘蛛、蚜虫以及其他食叶害虫；⑤8月下旬以后控制肥水，促进枝条成熟。

7. 苗木出圃

10月下旬以后，将苗木起出、分级，注意防止机械损伤，保护好根系。

8. 插后插条的正常变化和不良反应

在绿枝扦插过程中，插条在外表上有多种变化与生根有关。

（三）组织培养

1. 组培的一般工作程序

植物组织培养的完整过程如图1-15所示。

制定培养方案 ⟶ 外植体选择与处理 ⟶ 接种 ⟶ 初代培养

扦插后管理 ⟵ 炼苗与瓶外生根 ⟵ 继代培养

图1-15 组织培养的一般工作过程

2. 蓝莓组培育苗

组织培养方法已在蓝莓上获得成功，应用组培方法繁殖速度快，适宜于优良品种的快速扩繁。

（1）外植体的选取 适宜用作蓝莓组培的外植体材料有茎尖、茎尖生长点、茎段、腋芽、幼叶及叶柄等。生产上，蓝莓组培快繁主要采取茎尖或茎段作为外植体材料，茎尖可以进行脱毒处理培育无毒苗木。

在采取茎段为外植体材料时，要注意采集的时期。在北方地区，一般于蓝莓生长季节，选择健壮、无病虫害的半木质化新梢，在天气连续晴好3～4天后，选择晴天上午采集外植体，每年3～5月取材。

（2）接种 带回的外植体材料用洗涤剂和自来水冲洗干净，切成1.0～1.5cm长的枝段。用饱和洗衣粉溶液清洗10min后，再用自来水冲洗10min。在超净工作台上进行消毒处理，用70%酒精溶液灭菌1min，0.1%升汞灭菌5～10min，无菌水冲洗5次。采用单芽茎段诱导时，灭菌后应切去芽段两端1.5mm。将单芽接种在改良WPM培养基中，注意不要下端朝上，动作要快，尽量减少材料与空气的接触时间，减少褐变，提高成活率。接种好的材料在温度20～30℃、光照12h/d条件下进行培养。

（3）初代培养　用改良WPM培养基，温度20～30℃，光照12h，30天后可长出新枝。

（4）继代培养　初代培养30天后进行继代培养，将初代培养材料转接到新鲜培养基上，45～50天为一个周期。温度20～30℃，光照2000～3000lx，6～12h/d。

（5）炼苗与瓶外生根　将准备瓶外生根的瓶苗，放在强光下，并逐渐打开瓶口，经常转动瓶身，使之适应外界条件。一般需7～15天。

由于试管内生根后需要炼苗，而且生根苗的根系长在培养基中，移栽比较复杂，对根系的破坏性大。因此，可以让幼枝在试管外生根。注意要提前进行炼苗，提前3天打开组培瓶盖进行过渡，让组培苗逐渐适应外界环境。生产上一般在温室或冷棚内生根，时间在3～6月份最佳。其做法是：当幼枝在生根培养基中培养至即将生根时即从试管中取出，转移至移栽基质中，然后按照全光照扦插的方式进行管理，可以取得很好的效果。也可以不经过生根培养基，而将增殖后的幼枝切成5～10cm的枝段，然后经用1000～2000mg/L的IAA或生根粉速蘸处理后直接扦插于基质上。

（6）扦插后管理　在育苗温室或冷棚外用遮阳网遮光，然后扦插，扦插以后扣上小拱棚，如果能够保持空气湿度，也可以不扣小拱棚。温度控制在20～28℃，最低16℃，最高不超过35℃，高于35℃时，放风或喷水降温。空气湿度保持在90%左右。培养15～20天即可生根。生根后一个月小拱棚放风，并逐渐撤去拱棚。每隔10～15天浇施0.2%硫酸铵、0.2%硫酸亚铁一次，一直到翌年9月停止施肥。9月以后，撤掉温室或冷棚外的遮阳网，增加光照，使苗木生长充实健壮，直到越冬前休眠，即为一年生苗。

（7）越冬休眠　一年生苗木可以在温室或冷棚内直接越冬。东北地区入冬前需要将苗木贮存起来，第二年移栽到营养钵里进行抚育。

如果利用日光温室进行育苗，当年9月至第二年的3月均可进行扦插，以后随着气温逐渐升高，5月中旬开始进行炼苗，温室应逐渐放风，直到全部打开，需20～30天。此时，幼苗高度约20～30cm，有3～5个分枝，即可进行露地抚育。将苗木移栽到12～15cm口径营养钵中，营养土按照园土∶草炭=1∶1或2∶1，加入适量的有机肥，同时加入硫黄粉1～1.5kg/m³。到秋季可培育成大苗，即可定植（图1-16）。

(a)   (b)

图1-16　蓝莓组培苗

（四）嫁接繁殖

嫁接繁殖常应用于高丛蓝莓和兔眼蓝莓，主要采用芽接的方法，在木栓形成层活动旺盛，树皮容易剥离时期嫁接。其方法与其他果树芽接基本一致。

1. 砧木和接穗的准备

（1）砧木　蓝莓嫁接繁殖可用同种或同属的实生苗作为砧木。国外有时将兔眼蓝莓嫁接在臼莓（*Vaccinium arboreum*）上。国内有报道采用与蓝莓同科同属的南烛（*V. bracteatum*）作砧木嫁接高丛蓝莓的试验。用南烛嫁接高丛蓝莓，亲和力较强，嫁接口愈合良好，成活率达72.6%～88.7%；表现出比扦插苗更强的适应性和抗逆性，以及更好的生长势和结果表现；能消除或减轻缺磷、缺镁、缺铁等缺素症的发生。此外，南烛资源丰富，且扦插也较蓝莓容易，成活率可达74.3%。因此，利用南烛嫁接蓝莓简便易行，特别是对栽培商品价值较高，而采用组培等其他繁育方法相对不易、南方栽培相对较难的高丛蓝莓，有更大的应用价值。

利用兔眼蓝莓作砧木嫁接高丛蓝莓，则可提高蓝莓对土壤的适应性，可以实现在不适于高丛蓝莓栽培的土壤（如山地、pH值较高土壤）上栽培高丛蓝莓。国外也选择适宜的砧木，通过嫁接来实现蓝莓的乔化栽培。如果采用实生苗作为嫁接砧木，作砧木的实生苗必须达到一定的粗度，一般直径不低于6mm。

（2）接穗　接穗宜选择粗壮的1年生营养枝中下部无花芽的粗壮部分。若以枝条上部细弱部分作接穗，则苗木生长势较弱，成苗较慢。接穗可在嫁接时采截，也可在冬季修剪树体时提前选取。提前选取的枝条一定要放在保湿和通风的环境中，可放在湿沙中于阴凉处保存，像处理种子一样，避免将作接穗的枝条放在温暖处，以防提前发芽。

2.嫁接的方法和时期

蓝莓适宜的嫁接方法有枝接（劈接、切接、腹接）、嵌芽接和"T"形芽接三种。枝接法宜在早春进行，"T"形芽接一般在夏末秋初进行。

（1）绿枝劈接　接穗与砧木的选择：接穗要半木质化；砧木要稍粗于接穗的2年生营养钵苗。

嫁接方法与步骤如下（图1-17）：

① 削接穗：用劈接刀在接穗芽的下方削成楔形，一面薄一面厚，削口长度在1cm左右，留2～3个芽，顶端用油漆封顶。

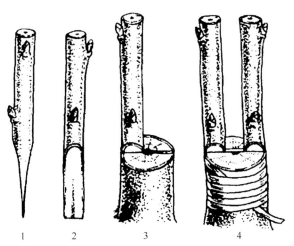

图1-17　绿枝劈接

1—接穗削面侧视；2—接穗削面正视；3—插入接穗；4—绑扎

② 劈砧木：在表面2cm左右选光滑处剪断，剪口要平整，用劈接刀劈砧木，劈口深度略长于接穗削口长度。

③ 嵌合：将接穗插到砧木切口里，薄面朝里，厚面朝外，形成层对齐。

④ 绑缚：用嫁接塑料条绑严，防止失水与漏水。

（2）嵌芽接　接芽与砧木的选择：在生长健壮、半木质化的枝条上选择饱满的芽作接芽，砧木要粗于取芽的枝条，并达到半木质化。

嫁接方法与步骤如下（图1-18）：

① 取芽：用芽接刀在芽的上方0.5cm处斜向下切入，在芽的下方0.5cm处呈45°向下切入，将芽取下保湿。

② 削砧木：距表面5cm以内的芽全部抹掉，在2cm处选平滑面斜向下切，在上切口下1.5cm左右斜向下切，取下切口废物。

③ 嵌合：将接芽嵌合到砧木切口里，形成层对齐。

④ 绑缚：一定要绑紧，一旦失水或漏水就难以保证成活率。

嫁接注意事项：

① 速度：在保证质量的前提下越快越好，尽量减少削口与切口失水。

② 削口：削口一定要光滑，否则会影响愈伤组织的形成。

③ 形成层：嫁接的关键就是形成层对齐，只有形成层对齐才能保证

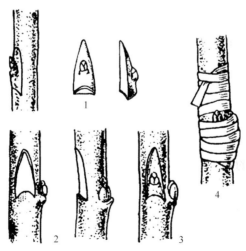

图1-18　嵌芽接

1—削接芽；2—削砧木；3—嵌入接芽；4—绑扎

嫁接成活率。

④ 绑缚：一定要绑紧。

（3）"T"形芽接 "T"形芽接如图1-19所示。

① 削芽片：选接穗上的饱满芽作接芽。先在芽的上方0.5cm处横切一刀，深达木质部，然后在芽的下方1cm处下刀，由浅入深向上推刀，略倾斜向上推至横切口，用手捏住芽的两侧，轻轻一掰，取下一个盾形芽片，注意芽片不带木质部。

② 切砧木：在砧木距离地面3～5cm处，选择光滑无疤部位，用刀切一"T"形切口。方法是先横切一刀，宽1cm左右，再从横切口中央向下竖切一刀，长1.5cm左右，深度以切断皮层不伤及木质部为宜。

③ 嫁接和绑缚：用刀尖或嫁接刀的骨柄将砧木上"T"形切口撬开，将芽片从切口插入，直至芽片的上方对齐砧木横切口，然后用塑料绑紧，将叶柄、芽眼外露。

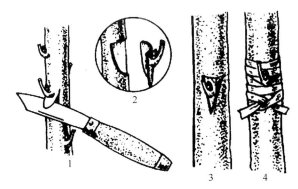

图1-19 "T"形芽接

1—削接穗芽片；2—取下的芽片；3—在切好的砧木上插入芽片；4—绑扎

3. 嫁接后的管理

（1）芽接 芽接苗成活后，应尽快松绑，即解掉接口处的捆绑物。如果嫁接时间较早，可将成活的接芽以上的砧木剪掉（简称剪砧），以刺激接穗萌发，当年有可能成苗；如果嫁接时间较晚，则松绑后暂不剪砧，可到翌年春季再剪砧。剪砧后的苗木应注意经常除萌（剪除砧木萌生的枝条），或抑制砧木萌生枝条的生长，以保持接穗的生长优势。

（2）枝接　枝接成活后接穗即开始抽生新梢，而且可能生长得很快。如果嫁接口愈合得较好，则高接换种的接穗生长得更快。用单芽切接进行兔眼蓝莓的高接换种时，当年接穗所抽生的新梢长度可达1m，而且有较多分枝。这时接口处砧木和接穗的连接处组织的强度还不够，很难承受快速生长的接穗，尤其是遇到大风天气就更容易在接口处折断。因此，用切接方法枝接的，接穗成活后不宜过早地松绑，而应等到接口充分发育后才能松绑。但如果延迟松绑，苗木绑扎处的加粗生长会受到限制，在绑扎较紧的部位形成明显的缢痕，此处也很容易折断。一般春季枝接成活的嫁接苗可以在6～7月份松绑。此时生长旺盛的接穗仍然比较脆弱，极易发生折断现象，因此，最好是先加固后松绑。加固的方法是：选适当粗度的小木棒，一端牢固地绑在砧木上（接口以下）或固定在地上，另一端将接穗（接口以上）绑牢，待接口愈合充分牢固、足以支撑接穗后再松绑。

嫁接成活除萌是嫁接苗管理的重要事项，成苗前要经过3次除萌，分别在嫁接后20～30天、50～60天、90～100天。如不及时除萌或对砧木上萌发的枝条不抑制，嫁接成活的接穗的生长会受到严重影响，甚至在生长优势竞争中被砧木所发枝条淘汰。但早期对砧木上的萌生枝条不需完全清除，可留一部分作为辅养枝生产营养，供接穗生长。对留存的这些辅养枝的生长可通过摘心、扭梢等进行控制，以保证接穗的生长优势。当接穗长到一定的程度、营养能够"自给自足"时，才可以将砧木上萌发的枝条全部清除。嫁接苗一定要保证水分供应，土壤含水量在60%左右。适宜的温度范围为20～25℃。刚刚嫁接的苗最好先用50%遮阳率的遮阳网遮上，待5～7天后逐渐撤掉。

二、科学建园

（一）园地选择与规划

1. 选址

有机蓝莓园应远离工业区，避开污染源，与公路干干线保持一定的距离。环境空气、灌溉水和土壤经有资质的检测部门检测符合标准后，方可进行有机蓝莓园的建设。

蓝莓适宜在丘陵、坡地的酸性沙壤土、沙土上栽培，以坡度不超过10°为宜，坡度大时应整成梯田，土层厚度以40cm以上为宜。要有充足的水源。建园以新开荒地最佳。

2. 园区设计

集中连片建园时，园区面积以20～40hm²为宜，有机蓝莓园与常规农业园区之间必须设立30～50m的隔离带。同时，要根据地势和土壤类型，将园地划分为若干个作业小区。地势平坦的栽植区，每4～6hm²为1小区，丘陵山区可以缩小为1～2hm²为1小区。在集中连片的缓坡地建造蓝莓园，在零星瘠瘦地等种植绿肥或豆科作物，低洼积水地宜修建水库，行空隙较大时套作绿肥或豆科作物，使蓝莓园内外成为一个人工生态群落区。蓝莓行向应尽量按南北走向和沿等高线走向，行间尽量保持平行，行长以50～60m为宜。

3. 道路与排灌系统设计

① 道路规划。面积在30hm²以上的蓝莓园要规划主路，主路路面宽6～7m，便于果品及物资运输；支路路面宽4～5m，便于田间作业通行及运输。每1～2hm²设1条宽2m的步行道。主路、支路、步行道要纵横排列，路路相通。

② 排灌系统设计。排灌系统与道路结合。灌水系统以滴灌、喷灌为主，供水管与水库或蓄水站连接，主管道多埋于路边地下；排水沟设在道路两侧，防洪沟设在蓝莓园上方与山林交界处。

4. 园地整理

蓝莓园的开垦要分步进行：第一步先将园内地面的杂树、荆棘、乱石、土堆等清理掉；第二步进行土壤深翻，深度以40～50cm为宜，深翻熟化后再清除石块、草根、硬木块等；第三步整地造畦，将地面整平后进行起高平畦，畦距2～2.4m，畦面高20～30cm，宽1.5～1.8m，畦沟宽0.5～0.6m，在畦面中间栽植1行，同时设置好排水沟；第四步是改土，利用硫黄粉和草炭及有机物进行畦面或栽植穴改土，以调节土壤pH值和有机质，使其达到蓝莓生长适宜的范围。

（二）苗木栽植

1. 栽植时期

蓝莓苗多为营养钵苗，不存在植株伤根问题，因此，从春季萌芽前至初冬封冻前皆可栽植，但以春季萌芽前与萌芽期为最佳时期。在山东青岛地区，最佳栽植期在3月中旬至4月中旬，其次是10月上旬至11月中旬。夏季气温高，蒸发量大，不利于苗木生长，如果栽植，需加强栽后管理工作。

2. 栽植规格

栽植密度一般为行距2.0～2.6m，株距1m，按南北行向或沿梯田的自然走向或等高线栽植。蓝莓树寿命百年左右，大部分品种自花授粉坐果良好；对有些自花结实率偏低的品种，应配置授粉树，可以按照4行主栽品种与1行授粉品种搭配相间栽植。

3. 栽植后管理

宜根据天气变化，在蓝莓苗成活前每3～5天浇1次水，确保其成活。并且要及时查苗补缺，防止缺株断行。

（三）建园其他管理

1. 地面覆盖

地面覆盖可增加土壤有机质含量，改善土壤结构，调节土壤温度，保持土壤湿度，降低土壤pH值，控制杂草生长等。地面覆盖物应选腐烂后显酸性的有机物料，目前应用最多的是锯末，尤以容易腐解的软木锯末为佳。树皮或烂树皮作地面覆盖物与锯末效果相当，其他有机物如秸秆、树叶也可以。使用碱性有机物覆盖时，要注意其提高土壤pH值的副作用。地面覆盖在苗木定植后即可进行，将覆盖物均匀铺在畦面上，宽度1m，厚度4～5cm，以后每年再覆盖2～3cm以保持原有厚度。黑色地膜覆盖可以防止土壤水分蒸发，控制杂草生长，提高地温，覆盖时必须留出直径30cm的树盘面积不覆盖，以免夏季膜下温度过高而影响根系生长。此法最好是在有滴灌设施的果园应用。黑地膜覆盖与有机物覆盖相结合效果更佳。

2. 合理间作

幼龄蓝莓园宜间作豆科作物，如大豆、绿豆等，间作时主要掌握好以下几点：一是适时播种。在适宜的播种期内，如水分和气候条件许可，要力争早播。二是合理密植。宜采用"1、2、3对应3、2、1"的间作法，即1年生蓝莓园间作3行，2年生蓝莓园间作2行，3年生蓝莓园间作1行，4年生蓝莓园不再间作。三是接种根瘤菌。在新垦蓝莓园土壤中，要选用相应的根瘤菌接种。一般酸性土壤中钼的含量低，如在根瘤菌接种时拌以钼肥，可大大提高绿肥固氮能力。

3. 及时割草

对于垄沟的杂草，1年应割 2 ~ 3 次，草的高度控制在 10 ~ 20cm，以免对蓝莓生长造成影响。

第三节　蓝莓日常管理

一、土壤管理

蓝莓根系分布较浅，而且纤细，没有根毛，要求土壤疏松、多孔、通气良好。土壤管理的主要目标是为根系发育创造良好的土壤条件。

1. 清耕

清耕即在果园内不种任何作物，常年进行中耕除草，使土壤保持疏松和无杂草状态。清耕主要在盛果期果园中进行。全年均可进行，一般秋季深耕，生长季节进行多次中耕，使土壤保持疏松通气，促进微生物繁殖和有机物分解，短期内可显著地增加土壤有机态氮素。中耕松土，能起到除草、保肥和保水的作用。但长期采用清耕法会使土壤有机质含量迅速减少，土壤结构受到破坏，山地果园水土流失严重，土壤中有效养分淋溶多，易造成树势衰退，且费时费工。

2. 果园覆盖

果园覆盖是在土壤表面覆盖秸秆、杂草、绿肥、麦壳、锯末和树叶等有机物（图1-20）。一般覆盖厚度10～15cm，以后每年补充，保持厚度不变。覆盖有机物后压少量土，以防风吹和火灾。覆盖有机物能防止水土流失，抑制杂草生长，防止返碱，减少蒸发，降低地表温度和缩小昼夜温度变化幅度，增加有效态养分和有机质含量，并能防止磷、钾、镁等被土壤固定而成无效态，对团粒结构形成也有显著效果。但覆盖有机物后果园春季地温上升慢，不利果树根系生长。

应用黑色地膜覆盖可以防止土壤水分蒸发，控制杂草，提高地温。但塑料膜不透气，会影响土壤透气性和雨季雨水下渗（图1-21）。生产上常使用园艺地布进行覆盖，透水透气，每平方米的投入高于地膜，但是可以连续使用3年以上，效果好于地膜覆盖（图1-22）。

图1-20
蓝莓行内覆草

图1-21
黑色地膜覆盖

图1-22　园艺地布覆盖

二、水分管理

　　蓝莓园的土壤体积含水量在15％～25％为适宜，最佳土壤体积含水量为18％～20％。水分管理要均衡，切忌忽干忽湿。滴灌的原则是保持蓝莓根系附近的含水量在比较适宜的范围内，所以每次的滴水量应该等于外界的蒸发量和蓝莓自身的蒸腾量之和。一般的土壤条件下，每周滴灌2～3次，每次1～2h即可满足蓝莓对水分的需求，坐果前每次1h左右，坐果后每次2h左右；果实采收后应该适当控制水分以促进枝条成熟和花芽分化，此时一般每周滴灌1～2次，每次滴灌30min左右即可。生产中会经常遇到自然降雨的情况，所以要经常检查土壤的含水量情况，以决定是否需要滴灌。

　　在几个特殊的物候期，蓝莓植株对水分的要求稍高，除此之外均正常给水。蓝莓需水量较大的物候期及灌溉量如下：

　　① 促萌水。一般在撤除越冬覆盖物后，花芽萌动前浇一次透水，一方面可以增加土壤含水量，防止初春干旱的气候导致植株抽条；另一方面可以促进花芽的萌发，灌溉量以浸透根系分布的土层30cm为宜，过多不利于地温的回升。

　　② 花前水。在始花期前，一般要浇一次透水，主要用于提高开花的整齐度和坐果率，灌溉量以浸透土层30cm为宜。

③ 果实发育水。当园区70%的花凋谢后，进行此次灌溉，主要目的是促进果实的发育，灌溉量以浸透40cm土层为宜。此外在果实膨大期也要保证水量，若缺水则果实发育不好，普遍偏小。

④ 越冬水。在越冬前2～3天要进行一次灌溉，此次水要浇透，主要目的是增加树体水分累积，提高树体越冬能力和改善土壤墒情，减少早春抽条。

三、修剪管理

蓝莓修剪是蓝莓栽培的一项重要工作，修剪的目的是调节生殖生长与营养生长的矛盾，解决通风透光的问题，保证蓝莓能够持续丰产且产出优质的果实。整形修剪的作用是多方面的，包括构建合理的树体结构，使之能负载更多果实；调整树冠疏密，使之通风透光；除去无效和病弱枝叶，减少营养消耗，加强病虫害防治；通过疏除部分花芽避免结果过多，增大果体，提高坐果率；利用顶端优势，刺激和平衡树冠各部分生长发育等。如果不进行修剪，不仅坐果率降低，果实品质变差，而且会使树势开张的品种结果枝负担过重而落果，从而导致采收困难，果实容易带泥土。此外，通过修剪疏除部分病死枝、老弱枝和过密枝条，也使采收等田间操作更方便。

蓝莓的修剪具有双重作用，即局部的刺激作用和整体的削弱作用。从局部来讲，修剪能够使新梢的长度增长，但是从全树的总体生长量来看比不修剪生长量减少，修剪后根系的总生长量也受到抑制，例如连续几年的重修剪不利于蓝莓的根系发育。蓝莓的幼树修剪过重，会增强新梢的长势，但是也会延迟花芽的形成，蓝莓修剪应该按照品种、修剪的时期、气候条件、树势等综合判断后进行。修剪的程度应以果实的用途来确定：如果加工用，果实大小均可，修剪宜轻，提高产量；如果市场鲜销生食，修剪宜重，提高商品价值。

（一）修剪原则

果树修剪主要遵循"因树修剪，随枝作形""统筹兼顾，长短结合""以轻为主，轻重结合"等原则。"因树修剪，随枝作形"是在整形时，既要有树形要求，又要根据不同单株的不同情况灵活掌握，随枝就势，因势利导，诱导成形。做到有形不死，活而不乱。"统筹兼顾，长短结合"是指结果与长树要兼顾，对整形要从长计议，不要急于求成，既要有长效计划，又要有短期安排。幼树既要整好形，又要有利于早结果，做到生长、结果两不误。盛果期也要兼顾生长和结果，要在高产稳产的基础上，加强营养生长，延长盛果期，并注意改善果实的品质。"以轻为主，轻重结合"是指尽可能减轻修剪量，减少修剪对果树整体的抑制作用。尤其是幼树，适当轻剪、多留枝，有利于长树、扩大树冠、缓和树势，以达到早结果、早丰产的目的。修剪量过轻时，势必减少分枝和长枝数量，不利于整形。为了建造骨架，按整形要求对各级骨干枝进行修剪，以助其长势和控制结果。

（二）修剪时期

蓝莓一年中的修剪时期，可以分为休眠期修剪和生长期修剪。北方地区的休眠期修剪主要在撤除防寒物后至春季萌芽前进行，南方地区不需要埋土防寒的地区，在冬季也可以进行修剪操作。

休眠期修剪指落叶果树从秋冬落叶后至春季萌芽前，或常绿果树从晚秋枝梢停止生长至春梢抽生前进行的修剪。此时树体内养分大部分储藏在茎干和根部，因而修剪造成的养分损失较少。生长期修剪指春季萌芽后至落叶果树秋冬落叶前或常绿果树晚秋枝梢停长前进行的修剪。生长期修剪又分为春季修剪、夏季修剪和秋季修剪。春季修剪主要包括花前复剪和除萌抹芽。花前复剪是在露蕾时，通过修剪调节花量，补充冬季修剪的不足。除萌抹芽是在芽萌动后，除去枝干上过多的萌芽或萌蘖。夏季修剪常在采果后进行，主要目的是短截旺枝促进分枝，通过疏枝抑制树体生长过旺。夏季修剪关键在"及时"。修剪时间越早，产生分枝数量越多，其长度越长，可以促进分化更多花芽。由于带叶修剪，养分损失较多，夏季修剪对树体生长抑制作用较大，因此修剪量要从轻。秋季修剪以剪除过密大枝为主，此时树冠稀密度容易判断，修剪程度较易把握。秋季修剪在幼树、旺树和郁闭树上应用较多，可改善光照条件和提高内膛枝芽质量。修剪时间可以影响来年开花时间。在一些有倒春寒的较寒冷地区，有时希望推迟开花。采果后修剪一般可将来年开花时间后延1周。在秋季温度较高，生长末期枝梢能继续生长的地区，冬季霜冻也可能使大部分或全部生长末期所长出的枝梢产生冻害，花芽形成也因此受影响，因此，在这些地区种植的蓝莓树不鼓励采果后修剪。

（三）修剪常用手法

1. 缓放

缓放是指对1年生枝条不予修剪。缓放用在生长势强的枝条上，其顶端可以结一串果实，其下部可以萌发较多的长势中庸的新梢。缓放是幼树快速成型和成年树结果枝组更新培养的基本手法。

2. 疏枝

疏枝是将整个基生枝从近地面处剪除，或是将主枝上的生长势已趋衰弱的多年生枝组从基部剪除，或将位置过于拥挤的侧枝从基部疏除。疏枝的目的在于改善树体通风透光条件，节省树体养分（图1-23）。

3. 短截

短截是将1年生枝剪去一部分的修剪手法。短截后剪口以下的侧芽抽生的枝条长势加强，而数量比长放时减少。另外，短截后往往同时除掉了花芽，使结果数量减少，营养生长得到促进（图1-23）。

一般有这么几种情况需要短截：一是枝条达到需要高度，控制它进一步长高；二是培养枝量及扩大树冠；三是枝条过长，不方便管理或结果后会严重下垂。

4. 回缩

回缩也叫缩剪，即将多年生枝短截到分枝处（图1-23，图1-24）。

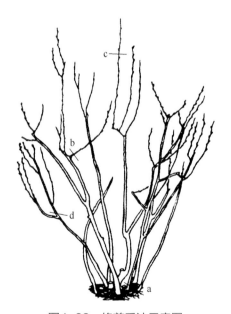

图1-23　修剪手法示意图

a—基生枝疏除；b—侧枝疏除；c—短截；
d—回缩

回缩的作用是局部刺激和枝条变向。回缩后的反应强弱，取决于剪口枝的强弱。剪口下留强旺枝，则生长势强，有利于恢复树势和更新复壮；剪口下留小枝或弱枝，则营养生长较弱，有利于成花；剪口下留长势中庸的枝条，则既利于生长也利于成花结果。与短截的区别是回缩的剪口在多年生部位。回缩的促进作用与回缩的轻重有关，适度促进生长，过重则抑制生长。

图1-24　回缩

回缩通常用在以下四个方面：一是平衡长势，复壮更新，调节多年生枝前后部分和上下部分之间的关系。如前强后弱时，可适当缩去前旺部分，选一角度开张的相对弱枝当头，以缓前促后，使之复壮。二是转主换头，改变骨干枝延长枝的角度和生长势。三是培养枝组，对萌芽成枝力强的品种先缓放后回缩，形成多轴枝组。四是改善光照，如对果园封行树交叉枝回缩，对过大、影响主枝生长的辅养枝回缩。

5. 摘心

摘心是指摘除新梢顶端的幼嫩部分，通常只去掉3～5cm幼嫩部分。摘心的作用是增加分枝，促进成花，控制生长。蓝莓采收修剪后，在萌发新梢长到15cm左右进行摘心，根据枝条生长情况摘心1～2次为宜。对强壮的基生枝进行摘心，可以培养其成为结果主枝。果实发育期将生长点摘除可以促进幼果发育（图1-25～图1-27）。

6. 拉枝

拉枝即改变较为直立枝条的生长方向，使其角度开张。拉枝可缓和枝条的生长态势，使营养物质和激素分配均衡，有利于花芽形成；拉枝也可以增大分枝角度，改善光照条件，如直立型蓝莓品种，成年树中心部位郁闭，可利用拉枝将主枝向四周拉开，使中心部位敞开，改善通风透光条件。生产中也可以使用石块撑枝（图1-28）。在温室生产中也会使用绳子将枝条向中心部位拉，目的是防止由于果实的重量将枝条压弯，行间枝条

图1-25 摘心操作前　　　图1-26 摘心操作　　　图1-27 摘心后的
　　　　　　　　　　　　　　　　　　　　　　　　　　　　　反应

(a)　　　　　　　　(b)　　　　　　　　(c)

图1-28 用石块撑枝

交叉，影响通风透光和日常操作管理。

（四）修剪步骤

如果按照一些基本步骤进行修剪，可以提高工作效率。借鉴其他树木的修剪步骤，可以总结为"一知、二看、三剪、四查、五处理"。

"一知"是修剪前要知道修剪的技术要求和操作规范。"二看"是要观察树形树势，对每株树修剪前绕树仔细观察，明确功能，计划好先剪哪些枝，后剪哪些枝。"三剪"是依因地制宜、因树因枝修剪等原则进行修剪，修剪顺序为"由基到梢、由内及外"，先确定树冠修剪后的形状，然后从主枝基部由内及外逐渐向上修剪。具体可参考以下步骤：①按照操作规程和质量要求进行修剪，剪除下部斜生、下垂枝，疏除所有病死枝、枯死枝、衰老枝，选留基部萌发的强壮基生枝3～5个，其余的全部疏除；②剪除主枝上的细弱枝、病枝、过密枝、交叉枝、重叠枝，主要考虑通风透光问题；③上部枝条的修剪，主要是控制载果量，维持壮枝结果。"四查"是修剪后再整体观察，检查有无遗漏或错剪，查漏补缺。"五处理"是对剪口较大的伤口需要涂抹愈合剂等保护剂，同时要将剪下的枝条及时清理集运等。

（五）北高丛蓝莓的适宜树形及整形修剪技术

1. 多主枝二层开心形及其整形修剪技术

该树形的树体结构为：树高1.3～1.5m，冠幅1.5m左右，主干上着生主枝5～6个，分两层，第一层3个，第二层2个，顶部开心，主枝上配备大中小相间的结果枝组。

北高丛蓝莓建园宜栽植2～3年生营养钵大苗。苗木定植后暂不修剪，保留所有枝条自然生长。第1年冬剪时选5～6个健壮基生枝，截留40～50cm培养主枝，疏除密生、细弱枝和所有花芽。第2年冬剪时对主枝延长枝留50～60cm短截，同时疏除细弱枝和密生枝。结果枝进行疏花，剪留花芽标准一般是健壮枝留4～5个，中庸枝留2～3个，衰弱枝不留花芽。第3年生长季疏除多余基生枝，对主枝和枝组上的旺长枝重摘心促萌，增加结果枝数量。冬剪以疏为主，疏除树冠顶部过高的徒长枝、交叉枝、重叠枝、密生枝和衰弱枝，改善光照，节约养分。对结果枝按照标准疏花，强旺树适当多留，以果压冠。第4年进入盛果期后，注意更新复壮骨干枝和结果枝组。对主枝采取缩、放结合，对结果枝组采取缩、放和截等修剪手法，按标准留花芽，合理负载，保持树势健壮。清理基生枝，疏除交叉、重叠、密生和衰弱枝，旺长枝摘心，改善光照条件，提高果品质量。衰老期有计划地重回缩，疏除衰老主枝，选留基生新梢培养新主枝，更新复壮结果枝组，控制负载量，使"树老枝新、优质高效"。

2. 自然丛状形及其整形修剪技术

该树形的树体结构为：树高、冠幅和留主枝数量均同多主枝二层开心形，但主枝不分层，主枝上自然着生结果枝组。利用北高丛蓝莓顶端优势强，基生枝上极易产生旺长枝而自然更新的特点，对基生枝通过计划性回缩而非短截培养主枝。

苗木定植后暂不修剪。冬剪时多留基生枝用作主枝培养，疏除密生枝、细弱枝和所有花芽。第2年夏季对生长过旺的主枝重摘心，疏除多余基生枝。冬剪时主枝上已着生的旺长枝作为主枝延长枝，甩放不剪。原头轻剪培养结果枝组，过弱头缩剪至旺长枝处。疏除密生枝和细弱枝。结果枝留花量处理同二层开心形。第3年夏季继续对旺长枝、延长枝和徒长枝重摘心，疏除多余基生枝。冬季修剪，主枝过高的轻缩压冠，疏除交叉、重叠、密生和细弱枝。结果枝修剪同第2年冬剪，强壮结果枝剪留5～6个花芽，旺长树和旺长枝多留花芽，以果压冠，缓和其生长势。第4年进入盛果期，夏季对旺长枝轻摘心，疏除当年萌生的多余基生枝。采果后酌情疏除多留的基生枝。冬剪时回缩过高枝条，疏除树冠顶部过密枝，以改善光照条件。缩、放结合修剪，培养紧凑健壮的结果枝组。对交叉、重叠、过密和衰弱枝视空间大小有计划地逐步清理，达到"树体结构合理，枝条分布均匀，冠内风光通透，生长势力均衡，延长盛果年限，实现优质高效"的目的。

衰老期，重回缩主枝，有计划地保留健壮基生枝、培养新主枝，疏除无保留价值的衰老主枝，更新复壮主枝。利用缩、截、放和控制负载量的方法，更新复壮结果枝组。

四、辅助授粉

蓝莓花器的结构特点使其靠风传播花粉比较困难，授粉主要靠昆虫来完成。授粉期应尽可能避免使用杀虫剂。有条件的应进行人工放蜂，以提高坐果率。异花授粉是提高蓝莓产量和果实大小的重要因素之一。异花授粉可使高丛蓝莓的坐果率从67%提高到82%，使兔眼蓝莓从18%提高到47%。因此，在蓝莓的种植园内，至少需配置两个以上品种相互授粉，以提高产量和品质。

五、越冬防寒

我国大陆性季风气候显著，冬季受亚洲高压的控制，盛行寒冷、干燥的偏北离陆风，大部分地区冬季干旱少雨。由于蓝莓枝条木质化程度差，根系分布浅，我国北方冬季土壤冻层远深于蓝莓根系所在土层。冬末初春温度回升后，蓝莓枝条开始萌动，蒸腾量加大，而根系处于冻土层中无法吸收水分，由于水分供应不足，地上部分抽条。最常见的症状是过冬后的树体枝条自上而下干枯，称为抽条。抽条首先从枝条成熟度较差的顶部开始，逐渐向下抽干，枝条干枯、皮皱，抽条严重的植株地上部分全部枯死。北方冬季的低温也容易导致蓝莓花芽冻害。在我国北方露地种植蓝莓地区，蓝莓越冬抽条和花芽冻害是生产中普遍存在的主要问题，若防寒措施不当或防寒没有达到标准，轻者出现蓝莓抽条、花芽冻害，影响树体生长和果实的产量和质量；严重会导致绝收，甚至整株冻死。整个东北地区除非极其特殊的小气候条件，露地蓝莓越冬如果不采取任何防寒措施，几乎全部抽条，在胶东半岛地区遇到特殊的年份也存在越冬严重抽条的风险（图1-29）。因此，在北方露地蓝莓种植中，越冬防寒是提高产量的一项重要保护措施。

（一）埋土防寒

1. 埋土时间

埋土防寒的时间应根据当地气候和土壤条件以及生产面积等因素而定。要密切注意天气变化，当气温平均在5℃时，土壤夜冻日化时开始埋土，并且土壤不能太湿，也不宜过干，应掌握埋土湿度，以手捏成团、落地散开为宜。当最低气温降到-3℃时即应开始进行埋土防寒。如果埋土过早，

图1-29　露地蓝莓冻害导致抽条

因土温高、湿度大，花芽易霉烂；埋土过迟，土壤冻结，不仅取土不易，同时因土块大，封土不严，起不到应有的防寒作用，土壤没有完全封冻之前必须完成防寒工作。

2. 埋土方法

埋土防寒技术对蓝莓安全越冬具有良好的保护作用。埋土防寒前2～3天，需浇一次封冻水，增加树体水分积累，保持土壤墒情。埋土的厚度要以将枝条全部覆盖为宜，埋土过薄，会因植株受冻导致蓝莓产量和效益降低，埋土过厚会导致生产成本增加，蓝莓的产量和效益也不好。从节约成本、机械化作业等综合因素考虑，防寒方法首选实心埋土防寒法。实心埋土防寒法最为安全、可靠、适用，防寒土堆对蓝莓树体有遮光、避风、保温、保水等作用，埋土厚度15cm（图1-30）。

首先在枝条压倒侧放一锹枕土，将蓝莓株丛向一侧压倒，从植株基部向上逐渐用力压弯，防止枝条折断，取行间土覆盖于被压倒的株丛上，注意枝条不能外露，冬季需要定期检查。土层厚度距株丛最顶部不少于2cm，地理位置往北的地区要适当增加覆盖厚度到15cm。覆土严密不能有枝条裸露，也不能出现空腔。埋土后要仔细，不能有露出的枝条，埋土后注意检查，如有露出的枝条，需及时补充埋土。埋土后可再加覆草苫、塑料薄膜等，增强防寒效果。

图1-30　蓝莓埋土防寒

春季一般在4月末至5月初，可以参照葡萄出土上架时间，根据具体气候情况进行出土上架，要注意避开晚霜冻害，注意不要弄断枝条。若撤防寒土过早，土壤温度低，根系没开始活动，无吸水能力，加上较大春风会加剧抽条危害。应在第二年春季避开抽条发生期，春季树体芽鳞片开始松动时撤土并扶直树干，撤土过程中尽量减少枝芽损伤，苗中间的土也要撤净，此方法可有效防止早春树体水分的散失。撤土过晚，则蓝莓在防寒土下已经开始花芽萌动，甚至萌发抽出花序，此时蓝莓树体抗性最差，撤土也会对花芽等造成严重机械损伤，对产量影响极重。防寒土撤掉后要及时清理果园，浇足水。

(a) 冷棚蓝莓上膜前

（二）冷棚防寒法

冷棚防寒法是蓝莓防寒越冬的一种重要形式（图1-31）。采用冷棚栽培不仅可以达到越冬防寒的目的，而且可以使蓝莓提早结果20天左右，增加经济效益。该方法能够保持树体原有状态，减少树体损伤。冷棚栽培时，不需要埋土防寒即可安全越冬，可以缓解因为冬季人工埋土所需要的用工冲突，并可以降低埋土越冬对蓝莓树体的损伤，但建造冷棚所需成本较高。

冷棚以南北向为宜，根据栽植密度、植株高度、立地条件等选择合适的棚架高度和宽度。骨

(b) 冷棚蓝莓上膜

(c) 冷棚蓝莓上膜后覆盖遮阳网

图1-31　蓝莓冷棚防寒

架采用钢筋、水泥立柱或竹木结构，覆盖材料为塑料薄膜。建造强度需能抵御大风、大雪等自然灾害。在蓝莓枝条充分木质化后，夜间气温降至0℃之前覆盖塑料薄膜，将蓝莓罩在冷棚中。塑料薄膜将冷棚封严后，要整体覆盖遮阳网、防寒被、垃圾棉或草帘，其目的是防止冬季棚内温度剧变，空气湿度过小导致抽条。气温回升土壤解冻后，逐渐打开南北两头及四周通风口。花期注意通风，控制棚内温度不超过25℃，否则容易造成花粉失去活性，影响坐果，降低产量。在蓝莓采收之后，除去塑料薄膜。冷棚防寒法避免了埋土法造成的植株伤害，春季还可以提前升温，提早果实成熟期。但此法成本相对较高，且需要注意预防大风、大雪等自然灾害。

注意事项如下：

① 在秋季和早春注意控制棚内温度，防止温度过高。当棚内温度超过10℃时，注意放风降温。

② 需要注意预防大风、大雪等自然灾害。

（三）防寒袋防寒法

防寒袋一般为双层膜，内层为黑塑料膜，外层为镀铝反光膜，做成长筒状袋，两端不封口，按照树高选择不同长度的袋。在秋末冬初之际，辽南地区11月中旬气温在0～5℃时，蓝莓园浇灌完封冻水之后。首先将蓝莓树枝条用尼龙绳等捆绑成束状，然后将防寒袋从上套在蓝莓树上，上侧先不封口，防寒袋的下部要用土压实，四周培15～20cm的土，再用撕裂膜把防寒袋捆扎牢固（图1-32）。

在气温下降到0℃以下并且土壤已经冻实，这时可以用绳子将防寒袋的上口扎严，防止漏气。这时还要检查防寒袋有没有损坏的地方，用塑料胶带将损坏处粘上即可。

第二年清明前后，气温在0～5℃时，将上口打开查看花芽萌发情况，在花芽膨大到绿豆大小时将上口全部打开放风，5～8天后将防寒袋撤掉，下部的土回填到行间。防寒袋叠好后置于阴凉通风处，储存好的防寒袋可以循环利用。

注意事项如下：

使用地区为冬季最低温度在 -15℃ 以上地区，辽宁地区尤其辽南可以使用此方法，其他地区根据当地冬季最低温度可以小规模试验后再进行大规模使用。春季需要及时打开上口，防止蓝莓由于温度过高在袋内萌芽抽出花序，由于不见光抽出的花序为白色，撤袋后很快就会枯死。冬季要定期检查防寒袋下部培土是否将树干压严，没压严的应及时培土。捆扎蓝莓树可以在蓝莓树没有落叶时进行，这样防寒袋也可以起到保温保湿的作用。防寒袋要保存好，如果镀铝反光膜已经大部分脱落，就要及时更换新袋。

图1-32
蓝莓防寒袋防寒

第四节　蓝莓温室栽培管理

一、品种选择

1. 选择需冷量低的品种

不同树种、品种的需冷量各不相同，这就决定了不同树种、品种在温室栽培中扣棚时间的早晚。品种的需冷量越低，自然休眠的时间就越短，扣棚升温的时间也就可以相应提早，它的果实成熟期比露地栽培的果实成熟期提早的时间就越多。所以，在设施栽培中，要尽可能选择需冷量低的果树品种。

2. 选择早熟品种

温室栽培品种应在本地露地蓝莓上市之前成熟，同时也要考虑南部地区露地蓝莓的上市时间，这样才能够有明显的反季节优势，达到较好的经济效益。温室蓝莓栽培主要以对早熟品种进行促早栽培为主，也可以进行延迟栽培。露地蓝莓的上市时间，大连地区和山东地区为6月上旬～7月上旬，所以要进行温室栽培，就要避开这段时间上市，否则就会影响经济效益。要利用温室进行抢早栽培，保证3月中旬～5月上市。寒冷地区发展温室蓝莓的优势在于蓝莓树体进入休眠期早，打破休眠的时间也可相应提前，有利于蓝莓的提早上市，如果结合选择需冷量少、果实发育期较短的蓝莓品种，可以实现抢早上市。同时可以选择中晚熟品种搭配栽培，延长市场供应期。

3. 选择优质大果型鲜食品种

温室栽培的果品主要用于鲜食，因此，要选择那些果实个大、风味佳、果形整齐、耐贮运、丰产性好、糖酸比适度、商品性强、货架寿命长的优质品种。

4. 选择适应性强的品种

栽培温室内温度高、湿度大，加之采取了密植栽培方式，对土壤条件要求高，因此，应选择对温、湿环境条件适应范围较宽，耐弱光，对土壤适应性强，对病害抵抗能力强，花芽抗寒性较强的品种。

蓝莓的温室栽培以反季节收获鲜果为目的，应首选果个大、果粉厚、风味好、产量高、耐贮运的品种，综合考虑品种的适应性、树势、需冷量、果实发育期等因素，以高丛蓝莓系列品种为宜。北高丛蓝莓是目前北方地区温室栽培中使用较多的类型，该系列品种果实大、风味好、品质优，需冷量800～1000h。'都克''蓝丰''伯克利'等北高丛蓝莓品种均已在温室中栽培成功。南高丛蓝莓也具有果实大、丰产、品质好的特性，且对土壤的适应性强，需冷量低至150～600h，'夏普蓝''奥尼尔'等品种都是适宜温室栽培的优良品种。从蓝莓对需冷量的要求看，南高丛品种普遍低于北高丛品种，所以温室栽培的蓝莓品种尽量选择南高丛品种，例如'密斯提''莱格西''奥尼尔''绿宝石''珠宝'等。

目前生产上北方温室栽培的主要品种有'公爵''蓝丰''奥尼尔''绿宝

石'薄雾'系列。

二、温室环境调控

设施内的光照、温度、湿度、气体及土壤等综合环境条件，称为设施微环境。蓝莓设施栽培是在相对封闭的小气候条件下进行的，主要采用棚室覆盖、通风等创造或改善微环境条件来进行果树的促成栽培或延迟栽培。因此，环境调节是蓝莓设施栽培的重要环节，其调节适宜与否是设施栽培成败的关键。

蓝莓温室设施环境调控主要包括休眠期即扣棚时期、温室生长期即升温后时期两部分，撤膜后参照露地管理即可。

休眠期主要是满足蓝莓的需冷量。保证需冷量是温室生产成功的基础，否则会导致开花不齐，坐果率低；或开花不长叶，影响产量、质量。蓝莓在满足其需冷量解除自然休眠后方可扣棚升温，不同品种的需冷量不同，不同地区的扣棚时间也存在差别。由于不同年份的气候条件存在差异，应记录、计算低温积累量并以此确定扣棚时间。生产上采用的技术措施主要包括人工低温暗光促眠方法和单氰胺破眠方法。

(a) 白天放下棉被

1. 人工低温暗光促眠方法

为使蓝莓植株快速通过休眠，生产上通常采用此方法。即当深秋初冬日平均气温稳定在 7 ~ 10℃时，夜间揭开保温被并开启通风口，让冷空气进入降温，白天盖上保温被或草苫并关闭通风口阻止热量传入棚室内升温，保持棚室内温度在 0 ~ 7.2℃范围内（图1-33）。当白天揭开保温

(b) 晚上卷起棉被

图1-33 蓝莓低温促眠

被，温室内的温度也能稳定在7℃以下时，可昼夜覆盖。根据品种需冷量和棚室温度计算所需预冷时间，需冷量较高的北高丛蓝莓经过30～60天的预冷处理，即可顺利通过自然休眠。

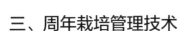

图1-34　单氰胺

2. 单氰胺破眠方法

辽南地区12月中旬～1月初开始升温，在升温前对蓝莓整株喷施50%单氰胺（图1-34）稀释70～80倍溶液，能有效打破休眠，促进叶芽萌发，保证叶花相对同步发育，提高产量，提早上市15～20天。在北高丛蓝莓品种上应用效果较好。注意品种差异，品种不同则喷施浓度、方法不同。

三、周年栽培管理技术

（一）休眠期管理

1. 适时扣棚降温促眠

在辽南地区，10月中下旬开始进入休眠，此时外界昼温10℃左右，夜温0℃左右，白天将温室保温覆盖物盖严，晚上卷起，保证温室内温度在0℃左右，连续1个月左右就能满足蓝莓的休眠要求。此时叶片变红脱落，做好清扫、消毒工作。温室冬季盖膜前，要浇一次透水，增强枝条越冬能力。

2. 修剪

蓝莓萌芽前修剪可在休眠期至树液流动前进行。注意树形的培养，休眠期主要是疏除内膛枝、交叉枝、重叠枝、过密枝、细弱枝和未成熟的新梢，留花芽饱满、粗壮的枝条，保证果枝立体分层分布，通风透光（图1-35）。修剪可平衡树势，协调营养生长和生殖生长的关系、蓝莓产量和果实品质的关系。适当调整花芽数量，根据品种特性，依据果枝长短进行修剪，疏除密、弱、细果枝，长果枝（≥20cm）剪留6～8个花芽，中果枝（10～20cm）剪留4～5个花芽，短果枝（≤10cm）剪留2个花芽。

(a) 修剪前　　　　　　　　　　(b) 修剪后

图1-35　蓝莓枝条修剪前后

3. 萌芽前水肥管理

萌芽前施入硫酸铵及硫酸钾型复合肥，成年树一般每棵树的使用量是50 ～ 100g。施肥方法一般以沟施为宜，可有效减少肥水流失。施化肥时沟宽20 ～ 25cm，沟深10 ～ 15cm。施肥后及时灌催芽水。也可以使用文丘里施肥器进行水肥一体化施肥（图1-36）。

图1-36
文丘里施肥器

（二）催芽期管理

1. 温度管理

蓝莓满足需冷量后，在温度适宜的条件下即可正常萌芽。升温时间越早，果实成熟上市时间越早，经济效益越高。温室有加温条件的，满足需冷量后即可升温。同一地区的，有加温设施的蓝莓温室果实成熟期要早于没有加温设施的蓝莓温室。温度管理原则是平缓升温，控制高温，保持夜温。高丛蓝莓的需冷量要在0～7.2℃的低温状态下，积累时间800～1200h。需冷量不足时会造成发芽不良，开花不足，影响果实的产量和质量。

实现蓝莓反季节生产的关键就是适时调整蓝莓的休眠时间，温度的控制一定要缓慢进行，不可短时间内温差过大，以免影响蓝莓的生长发育。方法是前期通过揭开保温材料的多少或程度控制室内温度，后期通过放风避免温度过高。第一周使室内气温白天中午保持在13～15℃，夜间6～8℃；第二周白天中午16～19℃，夜间7～10℃；第三周白天中午20～23℃，夜间8～12℃。第三周的温度一直保持到花芽萌发。夜间温度低于5℃时，需要采取临时加温措施。

2. 湿度管理

升温后浇完催芽水后，控制土壤相对湿度达到60%～70%，空气湿度控制在70%～80%。升温阶段由于低温低，水分蒸发量少。同时，全棚地膜覆盖降低了空气湿度，水分蒸发减少，这个时期，浇水次数不宜过多，否则会影响土壤温度的升高，导致萌芽推迟。开花前一周浇催花水。

3. 修剪管理

花芽膨大期，对花芽过多的结果枝进行适当短截，减少花芽留量，一般壮枝留花芽5～7个，中庸枝4～5个。

4. 其他管理

在升温当天或第二天对蓝莓整株喷施50%单氰胺稀释70～80倍溶液，能有效打破休眠，促进叶芽萌发，提高产量，提早上市。但要注意品种差异，品种不同则喷施浓度、方法不同。使用破眠剂必须保证土壤水分充足，以保证正常萌芽。具体用药注意事项参照药品使用说明。1周后可以喷一次3～5波美度的石硫合剂防治病虫害。地上管理完成后，及早进行地膜覆盖，提高低温，保证根系和地上部生长协调一致，同时还可降低棚内湿度，减轻病害发生。

（三）开花期管理

1. 温、湿度管理

开花期保证温度维持在23～25℃，夜间不低于8～13℃。开花期适宜湿度为50%～60%。开花期如遇低温应采取必要的人工加温措施，可以使用远红外电加热板、浴霸灯、热风机等，低温控制在0℃以上，防止低温冻害（图1-37）。

(a) 远红外线电加热板

(b) 浴霸灯

(c) 热风机

图1-37　加温设备

2. 昆虫辅助授粉

温室大棚种植蓝莓时，蓝莓处于密闭条件下，为保证授粉受精和坐果，提高结实率，花期应进行蜜蜂授粉或熊蜂授粉（图1-38、图1-39）。每亩（1亩≈667m²）温室大棚内可以在开花期放置一个蜂箱，蜜蜂在11℃即可开始活动，16～29℃最活跃。

(a)　　　　　　　　　　　　　(b)

图1-38　蜜蜂授粉

(a)　　　　　　　　　　　　　(b)

图1-39　熊蜂授粉

白天温度不可过高，温度过高会影响蜜蜂授粉。蜜蜂对一些气味较敏感，所以放蜂期间切忌喷洒对蜜蜂有毒害的农药，以防蜂群中毒。温室通风口应罩上防虫网，防止蜜蜂在白天放风时飞出。

熊蜂授粉的适宜温度为10～25℃，在温室蓝莓5%以上花已开放时就可以放熊蜂进行授粉。将蜂箱置于靠近后墙高1～1.2m的位置，上方用硬纸板等材料进行遮阳，防止阳光直射蜂箱。使用量为每亩温室大棚放置2箱。温室的上下通风口需要安装防虫网，防止熊蜂外逃。

3. 其他管理

开花初期，将衰弱花序疏除以提高果穗整齐度。为防止花期冷害和产生僵果病，在花前需喷保护性药剂和杀菌剂，果实膨大期要保证充足的水分供应，适当随水追施营养液。盛花初期，喷布0.2%的硼砂水溶液，以提高坐果率；花后喷布海藻氨基酸钙1000倍液，以提高果实硬度和预防畸形果。

（四）果实发育期管理

1. 温、湿度管理

幼果期高温条件会影响果树正常发育产生畸形果，果实发育期白天控制在25～28℃，夜间11～13℃。果实膨大期白天温度控制在22～25℃，最高28℃，夜温10～15℃；湿度60%～70%。果实成熟期加大昼夜温差，提高果品质量。安装自动放风设备进行温度的自动控制（图1-40）。

2. 水分管理

花后及时浇水，果实膨大期需水量大，要保证水分供应充足，若水分供应不足，会影响果实生长发育，降低产量和果实品质。这个时期，要结

图1-40　自动放风设备

合浇水，冲施一些含钾量高的水溶性肥料。果实成熟期要控制灌水量。

3. 果实管理

果实着色期，喷布0.2%的磷酸二氢钾水溶液，促进果实着色和提高可溶性固形物含量。在温室后墙挂设反光膜，改善温室北侧的光照环境（图1-41）。

图1-41 温室后墙挂反光膜

蓝莓果实的成熟期不一致，一般采收持续3～4周。适时采收对将要上市的蓝莓来说非常重要，直接影响到种植的经济效益。蓝莓果实由绿转白至蓝紫色后，再需10天左右即可成熟。随着果实陆续变色成熟，进行分批采收。成熟期要适当控制水分供应，切勿因水分过大造成裂果、落果等损失；另外，果实含水量过大，也会影响果实的品质和货架期。果实大量成熟期每3～4天采收1次，采摘应在早晨至中午高温到来以前，或在傍晚气温下降以后进行。采摘时轻摘、轻拿、轻放，对病果、烂果应单收单放，并做好分级和包装（图1-42、图1-43）。

图1-42 蓝莓鲜果

4. 气体管理

冬季温室经常密闭，通风换气少。同时，在温室的密闭环境

图1-43 蓝莓分级筛

下，施用农家肥及化肥分解释放的有毒气体容易积累，对蓝莓产生毒害作用。因此，温室及时通风换气极为重要。通风还可以增加空气中的CO_2浓度，有条件的温室可以进行CO_2施肥，满足蓝莓光合作用对CO_2的需求，起到促进蓝莓生长发育、提质增收的作用。

(a) 果实采收后修剪前

（五）果实采后管理

1. 采收后修剪

温室蓝莓株行距比较小，采果后又是蓝莓的生长旺季，生长量比较大，采收后要及时进行修剪，否则易导致结果部位外移、叶片老化，也可避免花芽老化或出现二次开花现象。此时修剪主要是控制树高，以节约营养和改善通风透光条件。温室蓝莓采后修剪主要是疏除内膛枝、衰弱枝，回缩结果母枝，短截更新结果枝（组），回缩一部分大枝和过长的结果枝，以减少养分消耗，调节树体养分流向，促进芽眼饱满老熟。此外是对生长空间内相互影响的结果枝去弱留强，待枝条停长后，适当疏除直立枝、过密枝，回缩细枝，短截部分长果枝。对过密枝、水平枝、弱小枝、病枝都要剪除（图1-44）。修剪时间为果实采收

(b) 果实采收后修剪后

图1-44 蓝莓采收修剪（王兴东）

后的6月份，可根据品种、栽培、修剪模式确定具体的修剪时间。

夏剪重点是摘心和短截，当新梢长到15～25cm进行1～2次夏剪，促使萌发更多的结果枝，一般进行2～3次摘心（图1-45）。对强壮的底芽新枝进行摘心，培养其成为结果主枝。对因二三次生长树体枝条密集的植株进行适当疏枝，对9月下旬继续旺长的新梢摘心控长。每株保证4～6个结果主枝，这样既合理利用了温室内的面积和光照，丰产、稳产也有了保证。结果主枝生长至6年左右时，结果能力下降，果实品质差，萌发新枝能力弱，常需要更新，此时将老枝从基部疏除即可。

(a) 修剪前   (b) 修剪后

图1-45　蓝莓夏季修剪

2. 肥水管理

果实采收后根据土壤养分情况配施有机肥加硫酸铵及微量元素肥料，促进树体发育，保证来年产量。施肥方法一般以沟施为宜，可有效减少肥水流失。秋季适当控水使植株适期停长，加速木质化和促进花芽分化；花芽分化期叶面喷施0.1%磷酸二氢钾2～3次，促进花芽形成。

3. 揭膜后管理

果实采收完毕之后，如果外界温度逐渐上升，就可逐渐撤除薄膜（图1-46）。当外界日平均温度达到15～20℃时，便可揭掉棚膜，一般山东在

4月下旬揭膜，辽宁南部在5月上旬，沈阳以北地区在5月中下旬。揭膜后很快进入夏季，阳光充足，高温多湿，树体生长发育迅速。夏季管理的重点是控制新梢旺长，促进花芽分化，增加营养储备。

图1-46　采果后温室揭膜

4. 秋施基肥

基肥作为长效性肥料，能为蓝莓生长发育提供多种养分，以秋施最好，因为蓝莓秋季生长发育特点和环境条件适宜施用基肥。蓝莓秋季施肥非常重要，时间宜早不宜晚，辽南地区秋施基肥的时间一般在8月下旬～9月上旬。采用穴施或沟施，在行间、株间挖环状沟、条沟或施肥穴，深度30～40cm（图1-47）。有机肥选用优质腐熟的农家肥，如鸡粪、

(a) 挖施肥沟　　　　　　　　　(b) 施肥沟回填

图1-47　蓝莓秋施基肥

猪粪、牛粪等，穴施或沟施，丰产期单株施有机肥2～3kg，可根据树龄、植株大小及产量适当调节用量。

（六）其他管理

1. 灾害性天气管理

（1）暴风雪天气 冬季和早春有时会出现大风阵雪天气，雪大风急，风把大量的雪吹落在前屋面上，雪越积越厚，如不及时采取措施，有可能把温室压塌，造成严重损失，因此要及时用刮雪板把积雪刮下。生产上常使用森林灭火机等专业设备进行除雪，可提高效率，降低劳动强度。

（2）寒流强降温天气 冬季有时会出现寒流，突然降温10℃以上时就要采取措施，以免造成危害。一般在晴天时出现寒流不容易受害，因为温室贮存的热量较多，寒流持续时间不会太长。但是连续几天阴天，温室中热量已经较少时，再遇到寒流强降温就容易遭受冻害。遇到这种情况就要及时采取措施，可临时补助加温。补助加温的方法很多，如临时生火炉、烧炭火盆等。降温不太严重时在前底沟处每米点燃一支蜡烛。也可以用热风炉、浴霸灯等设施进行增温，但一定要注意用火用电安全。

（3）连续阴天 低纬度日照百分率低的地区，冬季温度不是很低，但是阴天多，有时连续阴天。遇到这种天气，只要不出现寒流强降温，每天都要揭开保温被。因为散射光在一定程度上能提高温度，并在作物光补偿点以上，如果不揭开保温被，作物不能进行光合作用，只有消耗没有积累，短时间尚可恢复，时间过长必然受害。长时间阴天造成温度过低时，仅仅加温是不行的，还要采取补光措施，可以使用专业的补光灯补充光照。

2. 病虫害防治

异常天气、温湿度条件均为温室蓝莓病虫害的滋生蔓延提供了条件。主要病虫害有灰霉病、茎基腐病、蚜虫等。发现病虫害要早防治，采取预防为主、综合防治的原则，把农业、物理措施有机结合，合理使用高效、低毒、低残留的化学农药。禁止使用高毒、高残留农药，严格执行农药安全间隔期的管理规定，达到提高蓝莓产品质量、保护环境的目的。在秋季应彻底清除枯枝、落叶、病果等病残体，集中烧毁。在生长季节及时摘除病果、病叶等，在花开前至始花期，选择广谱性、低毒的杀菌剂，可用腐霉利、嘧霉胺、代森铵等预防。蚜虫等用黄色粘虫板和杀虫灯进行诱杀。在果期禁止喷药，以免污染果实，造成农药残留。

3. 土壤pH值监测

要定期进行土壤pH值检测。当pH值>5.5时，就应调整土壤酸度，调整到蓝莓要求的土壤酸性条件。可以结合施肥使用硫黄粉改良土壤，也可以将灌溉水用硫酸、冰醋酸、柠檬酸等调成酸性水，对蓝莓进行浇灌。

第二章
软枣猕猴桃栽培与利用

第一节　认识软枣猕猴桃

一、概述

软枣猕猴桃属于猕猴桃科猕猴桃属多年生藤本植物，俗称软枣子、藤梨、藤瓜和猕猴桃梨，是猕猴桃属中在中国分布最广泛的野生果树之一，主要分布于吉林、黑龙江、辽宁、四川、云南等地区的山区、半山区，海拔400～1940m都有分布。软枣猕猴桃果面光滑无毛，具有抗寒、抗病虫、丰产、较易管理等优点，是一种经济价值较高的具有发展潜力的果树树种。

软枣猕猴桃具有较高的营养价值，果实中富含维生素、多糖、黄酮、有机酸、果胶、纤维素、氨基酸、超氧化物歧化酶（SOD）、蛋白质及多种矿质元素，其中，钾、钙、镁含量丰富，而钠的含量极少。软枣猕猴桃干物质含量为16.6%～21.5%，可溶性固形物含量为8.7%～24.0%，可滴定酸含量为0.1%～1.7%，同时含有大量维生素C、叶酸、维生素E和维生素K等，还含有黄体酮、酚类物质以及磷、钙、铁、锌等人体所需矿物质。每100g软枣的维生素含量是每100g鲜枣的2倍，中华猕猴桃的4倍，柑橘的5～10倍，苹果、梨的80～100倍。软枣猕猴桃不仅营养丰富，而且具有较高的药用价值，如抗辐射、延缓衰老、降低胆固醇、防止血管硬化和提高免疫力等，是一种纯天然的功能食品。

（一）栽培利用历史

19世纪末软枣猕猴桃从日本引入美国，20世纪后半叶开始商业化栽培。1955年软枣猕猴桃引入新西兰，1980年开始商业化栽培。国外栽培软枣猕猴桃规模较大的国家主要有新西兰、美国、智利、法国、瑞士、德国、比利时、韩国和日本等。另外，荷兰、奥地利、波兰、意大利、葡萄牙、阿根廷、南非等国家及地区也有种植。

国外对软枣猕猴桃的开发利用较早。美国和智利把软枣猕猴桃称为"奇异莓"或者"小型猕猴桃"，并已开始试验栽培。美国选育出包括'日内瓦'（'Geneva'）、'杜巴斯'（'Dumbarton Oaks'）、'红哈迪'（'Hard Red'）等13个品种，其中雄性品种4个。

韩国从20世纪90年代就开始了软枣猕猴桃品种筛选工作，并且用软枣猕猴桃与美味猕猴桃品种杂交，培育出一些优良品种，目前已自主育成8个品种。日本选育出9个品种，新西兰选育出8个品种（品系），欧洲选育出16个品种。国外对软枣猕猴桃研究虽然已经开始起步，但是大规模商业化栽培面积还较小。截至2019年，新西兰、美国、韩国栽培面积分别为20.00hm^2、80.00hm^2、13.33hm^2。

我国是软枣猕猴桃原产地，种质资源极为丰富，但开发利用还很少。至今选育的软枣猕猴桃品种有15个，即'魁绿'、'丰绿'、'佳绿'、'苹绿'、'馨绿'、'绿王'（雄株品种）、'桓优1号'、'红宝石星'、'宝贝星'、'长江1号'、'长江2号'、'长江3号'、'红迷1号'、'绿迷1号'、'紫迷1号'。另外还有一些未经过相应农作物品种主管部门审定或登记的优良品系，如辽东学院小浆果研究所选育出的'LD241'、丹东北林经贸有限公司农业研究所选育的'LD133'等。我国软枣猕猴桃的产业化栽培主要从2014年开始，以露地栽培为主，开始少量设施栽培。截至2018年，我国软枣猕猴桃种植面积近2800hm^2，大部分处于未结或初果期，产量仅1000t左右，成品率约50%。

随着我国软枣猕猴桃主要生产基地种植面积的不断扩大，以及现有栽培基地进入盛果期，未来几年猕猴桃产量将迅速增长。我国软枣猕猴桃种植基地主要分布于辽宁、吉林、黑龙江、四川诸省，山东、江苏、安徽、浙江、河北及陕西等省有少量引种栽培。辽宁省为我国软枣猕猴桃的主产区，主要分布在丹东、鞍山、大连、本溪、沈阳等市，主要栽培品种为'LD133''魁绿''龙成2号''桓优1号'等。截至2018年，辽宁省软枣猕猴桃种植面积近2467hm^2，占全国栽培面积的88%，其中丹东地区种植面积近2000hm^2，占全国栽培面积的71%。吉林省软枣猕猴桃主要分布在延边地区和吉林市，主栽品种为'LD133''魁绿''龙成2号''桓优1号'等，栽培面积200hm^2。此外，一些农业公司加入软枣猕猴桃产业中，对软枣猕猴桃的应用推广起到了积极促进作用。

（二）生物学特性

1. 根

为浅根性的肉质根，主要分布在10～50cm的土层中。根系由主根、侧根及副侧根组成。主根不明显，但侧根发达（图2-1）。

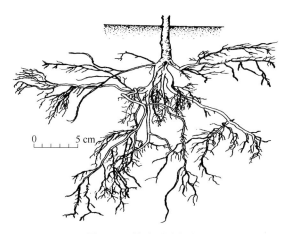

图2-1 软枣猕猴桃根

2. 枝蔓

蔓性，木质部疏松，髓白色或褐色，呈片层状。老蔓光滑无毛，浅灰色或黑褐色。1年生枝呈灰色、淡灰色或红褐色，无毛，光滑，皮孔纺锤形或长梭形，密而小，色浅。节间长5～10cm，最长15cm。新梢分为长梢（30cm以上）、中梢（10～30cm）和短梢（10cm以下），此外，还有徒长性新梢（40～50cm）。

3. 叶

叶片纸质，椭圆形、长圆形、长卵圆形或倒卵形，长5～14cm，宽4～10cm，平均面积70cm²，最大面积250cm²。基部近圆形、阔楔形，间或亚心形，边缘波浪状，先端尖或短尾尖，多扭曲（图2-2）。叶缘锯齿密，近叶基部几全缘。叶深绿色，有光泽，无

图2-2　软枣猕猴桃叶片

毛。叶背浅绿色或灰白色，光滑或有茸毛。叶脉网状，侧脉每边5～6网结。叶柄长3～7cm，淡红色或绿色。

4. 芽

甚小，包被在叶腋的韧皮部（芽座）内，花芽为混合芽。

5. 花、果

花序为聚伞花序。雄株花序着生3～9个花蕾，但顶生花序可着生20个以上花蕾。雌株花序多数着生1～3个花蕾，少数着生10个花蕾以上。花蕾绿色或红绿色，圆形（图2-3）。雌花腋生，聚伞花序，每花序多着生1～3个花蕾（图2-4）。花冠径12～20mm，花白色微绿，花瓣5～7枚，卵形或长卵形。具有发达的瓶状子房，子房上位，纵径约2mm，浅绿色，无毛。花柱白色，扁平，18～22个，长约2mm，呈辐射状排列。雄蕊多数，约42枚，花丝短于子房，花药黑褐色。花粉粒小而瘪，形状不规则，大小不等。萼片5～6裂，偶有4裂者，卵形，长5～7cm，浅绿色。先端圆钝，边缘无毛。花梗绿色或浅黄绿色、无毛。雄花腋生，子房退化，雄蕊约44枚，花丝白色，长3～5mm。花药黑紫色，短圆形或长圆形，长2mm。花粉粒饱满，梭形，大小均一，有生命力。

果实形状不一，有卵球形、矩圆形、扁圆形、长圆形、椭圆形，无斑点。果皮绿色或浅红色，光滑无毛，先端具有短尾状的喙（图2-5）。单果

图2-3　软枣猕猴桃花蕾　　　　图2-4　软枣猕猴桃雌花

重 6 ～ 8g，最大果重20g以上。梗洼窄而浅，果梗 1 ～ 2cm。成熟果实软而多汁，果肉细腻，黄绿色或浅红色，味甜微酸，具有香气。果心为中轴胎座多心皮，心室25个左右。种子较小，千粒重1.5 ～ 1.8g。

图2-5
软枣猕猴桃果实

二、主要品种

　　我国的软枣猕猴桃资源丰富，所以各单位在资源收集及品种选育领域开展了大量工作并取得了一些成果，中国农业科学院特产研究所选育出'魁绿''丰绿''佳绿''苹绿'等新品种及雄性新品种'绿王'，辽宁省桓仁

满族自治县林业局选育出'桓优1号'，中国农业科学院郑州果树研究所选育出全红型品种'天源红'，四川省自然资源科学研究院选育出'宝贝星'，沈阳农业大学选育出'长江1号''长江2号''长江3号'等。目前我国软枣猕猴桃栽培主要以鲜食为主，从品种构成上看，以'魁绿''丰绿''桓优1号''龙成2号''佳绿''LD133''誉隆909'等为主。

1.'魁绿'

'魁绿'是中国农科院特产研究所于1980年选自吉林省集安县复兴林场的野生软枣猕猴桃优株，经扩繁成无性系，1993年通过吉林省品种审定。果实扁卵圆形，平均果重18.1g，果皮绿色光滑，果肉绿色，多汁，细腻，酸甜适口，可溶性固形物15%，总糖9%，有机酸1.5%，维生素C 430mg/100g，每果含种子180粒左右。树势生长旺盛，坐果率高，可达95%以上，果实多着生于结果枝5～10节叶腋间，多为短枝和中枝结果，每个枝可坐果5～8

图2-6 '魁绿'

个。雌雄异株。树势生长旺盛，丰产性能好。在吉林左家镇，伤流期4月上中旬，萌芽期4月中下旬，开花期6月中旬，果实成熟期9月初。在无霜期120天以上，大于10℃有效积温2500℃以上的地区均可栽培。抗逆性强，在绝对低温-38℃的地区栽培多年无冻害和严重病虫害（图2-6）。

2.'丰绿'

'丰绿'由中国农业科学院特产研究所1980年选自于吉林省集安县复兴林场的野生软枣猕猴桃优株，1993年通过吉林省农作物品种审定委员会审定。果实卵球形，果皮绿色、光滑无毛，单果平均重8.5g，最大果15g，果形指数0.95，果肉绿色，多汁细腻，酸甜适度。雌雄异株。该品种果实较小，丰产性好，风味佳，适宜加工（图2-7）。

3.'桓优1号'

'桓优1号'由辽宁省桓仁满族自治县林业局山区综合开发办公室与桓仁满族自治县沙尖子镇林业站合作选育，2008年3月通过辽宁省非主要农作物品种备案。

图2-7 '丰绿'（翟秋喜）

果实卵圆形，平均果重22g，最大单果重36.7g，果皮为青绿色，中厚。果肉绿色，肉质软，香味浓，可溶性固形物12%，有机酸0.2%，维生素C 379mg/100g（鲜果），果实成熟后不易落粒。植株生长健壮，树冠紧凑，以短果枝和短缩果枝结果为主，抗寒力极强。在辽宁省桓仁满族自治县，4月下旬萌芽，6月上中旬开花，9月中下旬果实成熟。适于无霜期140天以上地区发展（图2-8）。

(a) (b)

图2-8 '桓优1号'（翟秋喜）

4.'龙成2号'

'龙成2号'果实长椭圆形，皮绿色偏红褐色，平均单果重22.8g，最大单果重36.8g，纵径5.15cm，横径2.9cm，果肉绿色，可溶性固形物20.5%，维生素C 406mg/100g。果肉酸甜适度，香味浓郁。结果早，丰产稳产，抗寒、抗病虫能力强，适应范围广。丹东地区4月中下旬萌芽，6月初开花，9月下旬10月上旬成熟（图2-9）。

图2-9　'龙成2号'（翟秋喜）

5. 'LD133'（'丹阳'）

'LD133'果实呈扁圆形，表面略有棱，果皮绿色、光滑，果肉翠绿色，质地细腻多汁，酸甜适中，风味独特，口感极好。果个大，平均单果重20g，最大单果重46g。果实耐储性好，可溶性固形物达6.5%后采摘，常温下可储藏35天，低温条件下可储藏70天以上。在丹东地区，成熟期在

图2-10　'LD133'

9月中下旬，属于中晚熟品种。无霜期120天以上，冬季最低温为−30℃、大于10℃有效积温达2900℃以上的地方均可栽培。品种已通过省级林木品种认定（良种编号：辽R-SV-AA-017-2019）（图2-10）。

6. '佳绿'

'佳绿'是利用野生软枣猕猴桃群体中的优良资源，经无性繁殖选育出的软枣猕猴桃品种。2014年3月通过吉林省农作物品种审定委员会审定并定名。果实长柱形，果皮绿色，光滑无毛，平均单果质量19.1g。果肉绿色，可溶性固形物19.4%，总糖11.4%，总酸0.97%，维生素C 1250.0mg/kg，酸甜适口，品质上等。丰产性好，抗寒、抗病能力较强。

吉林地区9月初果实成熟。在年无霜期125天以上，10℃及以上有效积温达2500℃以上，冬季极端最低气温不低于-38℃的地区均可栽培。在吉林地区，4月20日前后萌芽，6月中旬开花，露地栽培

图2-11 '佳绿'（翟秋喜）

9月3日前后果实成熟。开花至果实成熟需80天左右。扦插苗定植后，三四年开始结果，结果枝率51.4%，田间自然着果率95.5%，盛果期平均每公顷产量为15150kg（图2-11）。

7. '誉隆909'

'誉隆909'是宽甸宝龙软枣猕猴桃专业合作社从辽宁省丹东市宽甸县东部山区选育的优良品系。该品种平均单果重19.98g，最大单果重36g。果实长扁圆形或长柱形。果皮初期粉红色，中期红色，后期紫红色。口感细腻爽滑，酸甜适度，有清香。可溶性固形物17.74%～21.20%，可滴定酸0.12%，维生素C 300.71mg/100g。果皮中厚，耐储藏，常温阴凉处储藏15～20天商品性仍佳，冷库

图2-12 '誉隆909'（赵玉龙）

储藏60～90天颜色口味不变。树势中庸，枝条直立性强，少有缠绕。叶片绿色，卵圆形。幼树和初结果树一般单花序为多，4～5年后每花序有2～3朵花，花白色。芽苞大而饱满。一般从结果枝基部2～3个芽起开始结果。适宜种植范围比较广泛，目前吉林、辽宁、河北、山东等地已有结果且树势和品质表现很好。在丹东宽甸地区4月中旬萌芽，6月9日前后开花，花期集中，盛花期大约7天。果实在八月末九月初开始陆续成熟，硬果挂树时间长，持续挂果到10月初（图2-12）。

第二节 软枣猕猴桃育苗与建园

一、苗木培育

软枣猕猴桃的苗木繁育有多种方法，包括实生繁殖、扦插繁殖、嫁接繁殖、组织培养及容器育苗等。目前我国软枣猕猴桃苗木的繁殖方式主要是扦插和嫁接，是简便易行、多快好省地培育优良苗木的方法。下面以扦插繁殖为例进行介绍。

（一）硬枝扦插

硬枝扦插就是利用冬季修剪的休眠期枝条扦插，宜在早春进行。扦插时间随地区的气候条件而不同。南方早些，北方晚些。如福建、湖南、浙江、安徽、四川等地多在12月中旬至第二年2月底扦插，陕西、河南以北地区多在2月底至3月中旬扦插。

1. 插条选择与剪截

选择生长健壮、腋芽饱满的1年生枝条，把枝条剪成10～15cm带2～3个芽的节段，剪截时要求顶芽必须饱满。在顶芽以上1.5～2.5cm处平剪，下端在节下1cm处斜剪，呈马耳形。剪后，将上端剪口用蜡密封（图2-13）。

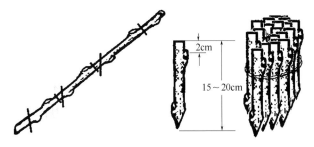

2cm

15～20cm

图2-13 插条的剪截

2. 插条催根处理

扦插前要用生长素对插条进行催根处理。生长素以吲哚丁酸（IBA）

最好，萘乙酸（NAA）次之，处理时注意只将插条基部3～4cm部位浸入药液内，上部的芽不能接触到药液，否则抑制芽的萌发。试验证明，药剂催根时采用高浓度速蘸效果最好，如将吲哚丁酸配成3000～5000mg/L的溶液，将插条基部在溶液中浸泡3～5s后立即取出，发根率可达80%～100%（图2-14）。

软枣猕猴桃的枝条内含有较多的胶体物质，如果插条切口长时间浸泡在生长素溶液中，会有大量胶体黏液流出，黏糊在切口处，这样不仅会引起营养物质流失，而且不利于切口形成愈伤组织。采用高浓度速蘸处理，不但可以避免枝条的胶液大量流失，而且可使生长素立即发挥效能，促进枝条生根。

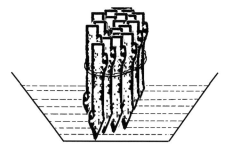

图2-14　插条的催根处理

3. 扦插技术

经生长素处理过的插穗按照株距10～15cm，行距15～20cm，扦插在苗床上。在扦插过程中要防止风吹日晒，轻拿轻放，一般都垂直插入苗床的土壤中，若插穗较长也可斜插，扦插的深度为插穗长度的2/3左右，以顶芽稍露出土面为宜。若土壤疏松，可将插穗直接插入土中。若土壤较黏重，先用小铲铲开再插入土中，以免擦伤皮层及根原始体而影响愈合生根。插后用手按实床土，使插穗与插壤密接，随后喷透水。

4. 扦插后管理

扦插后的管理措施是提高插穗成活的关键，管理不当会影响生根成活率。而管理的中心工作是调整好水分、空气、温度、湿度和光照等因子的相互关系，以满足插穗生根的需要，其中对水分的调整尤为重要。

（1）**搭设荫棚**　扦插后要及时搭好荫棚，以防日光暴晒和干燥，在高温高湿和遮阳的条件下更有利于生根成活。尤其对绿枝扦插，遮阳更为重要。荫棚的透光度以40%左右为宜。一般用遮阳网作为遮阳材料，也可以就地取材，采用如竹帘、草帘、枝条和秸秆等田间材料。

（2）**温湿度与透气性控制**　为了使插壤透气性良好，插后初期不宜灌太多水，一般要看插床的干湿情况，以7～10天浇1次透水即可。萌芽抽梢后，需水量增加，可2～3天浇水1次，以插穗基部切口呈浸润状态为宜。绿枝扦插是在苗木生长季节，应该严格注意管理措施，除遮阳外，还要每天早、晚各喷水1次，使其相对湿度保持在90%左右，苗床温度约25℃，切忌30℃以上的高温。硬枝扦插在有条件的地方最好采用地热线，在不同时期可调控到适宜的温度，对促使愈合生根极为有利。条件许可时，也可在插床底层施用一些热性肥料，如马粪、牛羊粪等，以提高插壤的温度。在插穗愈合前，应以提高地温、降低气温为主，一般插壤温度调控在19～20℃，插穗愈合后调控在20～25℃，在插穗大部分生根后，可断电停止土壤增温，在自然温度下"炼苗"。扦插苗成活后，每隔数天将覆盖在其上的棚膜揭开一部分，使苗木通风降温，之后逐渐增加揭开棚膜的次数，并延长揭开时间，使幼苗得到锻炼。当年秋末将扦插苗移植到营养钵中，保持一定温度和湿度，待第二年春季可移栽定植。

（3）**调节光照**　硬枝扦插时，在插穗未展开叶前应加盖帘子使插穗的环境处于黑暗状态，如此有利于愈伤组织的形成。在中后期和绿枝扦插的整个时期，插穗已有绿叶，除晴天日光较强时需要遮光外，需要充足的光源。

（4）**及时摘心控制地上部分生长**　硬枝扦插一般是在萌芽抽梢后生根。前期萌芽抽梢所需的养分，都是插条内贮藏的营养。如果不及时控制地上部分的生长，养分消耗过多，就会影响生根，在没有新根的情况下，新梢大量的水分蒸腾，会造成插穗缺水枯死，所以及时摘心是促进生根、保证成活的一个重要措施。一般在新梢长到5cm左右时摘心，保留3～4片叶为宜。如果发现抽梢中有花蕾，应及时将花蕾摘除，以节约养分，利于插穗生根成活。

（5）**幼苗移栽**　生根成活后及时移栽，以利于培育壮苗。一般在扦插后40天左右，生根的幼苗根系有一定老化，根长10cm左右时及时移栽，每年在同一插床可以反复进行多次扦插。移栽最好选在阴天进行，移栽前先将苗畦地施足充分腐熟的有机肥，按照株行距20cm×30cm挖好移栽穴，移栽后立即浇透水。移栽后10～15天内的晴天，必须注意遮阳。移栽缓苗期过后，生长很快，除应经常浇水外，可每隔7～10天对叶面喷速效肥料，如0.3%～0.5%的尿素、磷酸二氢钾等，结合浇水也可以施入少量的复合化肥。当扦插苗长到一定高度时，为了防止倒伏和相互缠绕影响生长，应当设立临时支柱，引蔓固定。多雨季节还要及时清除杂草。

（二）绿枝扦插

绿枝扦插是在当年生枝条半木质化时用带叶的枝条作为插条进行的扦插，又称软枝扦插。在生长季节，由于气温较高，空气干燥，蒸发量大，扦插不易成活。绿枝扦插南方宜早，北方较晚，一般多在4～6月进行。采剪插条应在阴天、空气凉爽的时候进行，最好随采随插（图2-15）。

图2-15
软枣猕猴桃绿枝扦插

1. 插条选择与剪截

选择当年生半木质化的枝条作为插穗，插穗长度一般以带2～3节为宜。距上端节2.0～2.5cm处平剪，下端紧靠芽的下部剪成平面或斜面，剪口平滑，上留1～2片叶，以利于进行光合作用，促进生根。为了减少蒸腾量，可以剪去叶片的1/3～1/2。

2. 插条催根处理

用生长素浸泡插条基部能够有效促进生根，提高扦插的成活率，用 200 ~ 500mg/kg的吲哚丁酸或萘乙酸浸泡插穗基部 3 ~ 4h，能显著促进生根，生根率达到85%以上。

3. 扦插技术

扦插前先将插壤浇透水，待水渗下风干后再进行扦插。株行距以 (10 ~ 15) cm×（10 ~ 15) cm为宜。可以直插或斜插，但要将顶端保留的叶片留在插床床面以上，要使插穗与插壤密切接触，扦插后及时灌水。

4. 扦插后管理

同硬枝扦插。

二、科学建园

(一) 园址选择

园址选择的好坏直接关系到生产者经济效益的高低，尤其是大型的商品园，建园时一定要有长远规划，并做好各项基础工程，为以后果实的优质、丰产、高效益奠定良好基础。园址的选择，既要综合考虑当地的气候、土壤、交通和地理位置等条件，又要预测市场销售和流通。

1. 土壤条件

土壤以深厚肥沃、透气性好、地下水位在1m以下、有机质含量高、pH7.0左右或微酸性的砂质壤土为宜，其他土壤（如红、黄壤土和pH超过7.5的碱性土壤）则需进行改良后再栽培。要"旱能灌，涝能排"。

2. 气候条件

气候条件是软枣猕猴桃建园选址的优先考虑条件，因为气候变化是人类难以控制的，尤其是在灾害性天气频繁发生而目前尚无有效方法预防的地区。园址选择不当关系到果园的存亡，必须以我国较大范围的种植生态区划为依据，在软枣猕猴桃栽培的适宜区选择园址。倒春寒对软枣猕猴桃生产影响很大，生产上由于选址不当，遭遇倒春寒可导致新梢8成以上冻死，严重影响软枣猕猴桃产业的发展（图2-16）。科学选择园址可以减轻或避免冻害发生，建园时要避开地势低洼地块及河谷地带，选择不易受霜害影响的半阴坡、半阳坡，地形开阔、地势高燥、冷空气不易沉积的地块建园。春季萌芽后要注意听取当地气象部门关于霜冻的预报或政府部门的通知，在霜冻降临的傍晚，在果园四周及时进行熏烟增温，可有效控制倒春寒的危害。

图2-16
倒春寒危害

软枣猕猴桃容易受风灾影响，建在风口、避风条件差的猕猴桃园，均容易导致不同程度的风灾发生，个别年份可导致近4成新梢折断而减产。因此，在建园时应充分考虑当地生长季大风的发生频次和主风向特点，避免在风口、迎风坡、丘陵顶部及与主风向平行的河道两侧等易受大风影响地块建园。

3. 交通运输与市场

如果考虑以鲜销为主，则要靠近市场，确保交通便利。同时对消费群体的爱好及其他果品来源渠道做深入调查，以便确定主栽品种和栽培面积。

4. 坡向和等高线

猕猴桃是喜光性果树，在山区选择园址时宜选择向阳的南坡、东南坡和西南坡，坡度一般不超过30°，以15°以下为好。等高线是修筑梯田必须考虑的因素。开辟园地时，宜先在斜坡上按等高差或行距依0.2%～0.3%

的比降测出等高线。按等高差定线开的梯面宽窄不一；按行距定线则梯田宽窄相同，但每台梯田的高差不同。因此，一般以后者为宜，在坡度变化不大时则可按一定高差定线。

5. 其他因素

软枣猕猴桃对含有2,4-D丁酯类的除草剂敏感，有药害现象发生。因此建园要远离玉米田等宜使用2,4-D丁酯类除草剂的生长环境，避免除草剂的飘移危害。其他除草剂要视试验情况决定趋避。

综合考虑，软枣猕猴桃园址应选择背风向阳、水源充足、灌溉方便、排水良好、土层深厚、有机质含量高、透气性好、pH中性或微酸的壤土、砂土地为好。避免选择低洼地、风口处、易涝地和地下水位较高的地块，避免在黏重土壤及盐碱地种植，如水稻田、排水不良地块等。半阴半背或背坡（平地无阳坡背坡）宜土壤肥沃，腐殖质深厚，地下水位低（山地要注意地下是否有穿皮水），土壤pH值在5.5～7.5之间，偏碱需要改良。

（二）建园与规划

园址选定后，要遵循"因地制宜，节约用地，合理利用，便于管理，园貌整齐，持续发展"的原则对园区进行设计，内容主要包括作业区、道路系统、辅助设施、防护林、水利设施等。在实地调查、测量，作出平面图或地形图的基础上，图、地配合作出具体规划。各部分占地比例是：作业区占地90%，道路系统占3%，水利设施占1%，防护林占5%，其他辅助设施占1%。

1. 作业区

为便于作业管理，面积较大的可划分成若干个小区。地势平坦一致时，小区面积可为50～150亩。小区以长方形为好，可以减少机械作业时的打转次数，提高作业效率。长边与短边按2∶1或5∶（2～3）设计（图2-17），小区的长边应与主风带垂直（与主林带平行）。山地地形复杂，变化较大，要根据地形、地势等划分小区，小区长边与等高线平行，面积15～50亩即可，划分时要有利于水土保持，防止风害，便于运输和机械化作业。

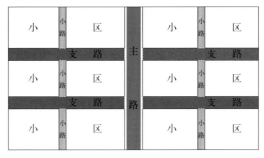

图2-17 平地果园规划

2. 道路系统

道路系统关系到日常的管理和运输效率，其规划设计应根据实际情况安排。大型园需要设计干路、支路、小路三级。干路要求位置适中，贯穿全园，一般建在大区的区界，宽6～8m，外与公路连接相通，内与建筑物、支路连接，以方便运输；支路与干路垂直相通，一般设在小区的分界，宽4～6m；小路即小区内或环园的管理作业道，与支路连通，宽2～3m，便于人工和小型机械作业。小型园为了减少非生产用地，可以不设干路和支路，只设环园和园内作业道即可。山丘地园地形复杂多变，干路应环山而行或呈"之"字形，坡度不宜太大，路面内斜3°～4°，内侧设排灌渠。平地或沙地园为减少道路两侧防护林的遮阴，可将道路设在防护林的北侧。

3. 水利设施

灌水系统的设计，首先要考虑水源，水源主要有河、湖、水库、井、蓄水池等。灌溉系统分为干渠、支渠和毛渠。采用地下水灌溉的可以在适当的位置打井，平原应每100亩打一口井，水井应打在小区的高地及小区的中心位置。修建灌溉系统可与道路、防护林带建设相结合，以提高劳动效率和经济效益。主路一侧修主渠道，另一侧修排水沟，支路修支渠道。山地果园的排水与蓄水池相结合，蓄水池应设在高处，以方便较大面积的自流灌溉。在果园上方外围设一道等高环山截水沟，使降水直接入沟排入蓄水池，以防止冲毁果园梯田、撩壕。每行梯田内侧挖一道排水浅沟，沟内做成小埂，做到小雨能蓄，大雨可缓冲洪水流势。地下水位高、雨季可能发生涝灾的低洼地、盐碱地必须设计规划排水系统。除了常规的地面灌溉方式外，有条件的地区还可采用喷灌、滴灌或渗灌的方式。

4. 防护林

营建防护林可以改善园区的生态条件。防护林一般包括主林带和副林带，有效防护范围为林木高度的15～20倍。山地主林带应设在果园上部或分水岭等高处。沿海和风沙大的地区应设副林带和折风带，林带应加密，带距也应缩小。主林带应与当地主风向垂直，主林带间距400～600m，植树5～8行。副林带与主林带垂直形成长方形林网，植树2～3行。防护林树种因地选用，最好乔、灌木结合，落叶与常绿结合。

5. 辅助设施

园区规划除了要考虑上述因素外，还要考虑生产生活用房、粪池、包装、预贮场地、贮藏保鲜及各种辅助设施等项目，以便于果品的贮藏。

（三）授粉树的选择与配置

软枣猕猴桃是雌雄异株植物，雌性植株必须有雄性植株的花粉授粉，才能正常结果。因此，建园时必须配置授粉树。雄株要与主栽雌株相匹配，能同时进入结果期，开花期基本一致；花粉量大，花粉发芽率高，与主栽品种授粉亲和力好。在有昆虫传粉的情况下正常受精、结果。授粉树通常采用的配置方式为中心式，每8棵雌株配置1棵雄株于中心位置（图2-18）。软枣猕猴桃虽是风媒花，但主要还是靠昆虫传粉。设施栽培花期可以人工放蜂来辅助授粉。

$$
\begin{array}{cccccc}
\times & \times & \times & \times & \times & \times \\
\times & \bigcirc & \times & \times & \bigcirc & \times \\
\times & \times & \times & \times & \times & \times \\
\times & \times & \times & \times & \times & \times \\
\times & \bigcirc & \times & \times & \bigcirc & \times \\
\times & \times & \times & \times & \times & \times
\end{array}
$$

图2-18　授粉树的配置

×—主栽品种；〇—授粉品种

（四）种苗的定植

软枣猕猴桃定植时期有两种，一种在秋季落叶后定植，一种在早春发芽前定植。秋后定植的软枣猕猴桃，成活率较高，次年生长较旺。定植距离一般行距4～6m、株距2～3m，根据品种的生长势，也可将株距适当加大或减小；根据架式或梯田面的宽度，行距可宽可窄。

第三节　软枣猕猴桃日常管理

一、土壤管理

土壤是果树生长与结果的基础，是水分与养分供给的源泉。果树正常生长发育需要土壤提供各种营养；根系生长及吸收养分、土壤有机物分解，需要土壤提供足够的氧气；一切生命活动都需要土壤提供一定的温度、湿度。所以，无论何种土壤，只有水、肥、气、热、土壤微生物及酸碱度等协调而稳定，才能满足果树的需要。果园土壤管理的主要任务是：通过不断改善土壤的理化性状，经常改善和协调土壤中的水分、空气、养分的良好关系，为根系生长创造一个有利且稳定的环境。

1. 深翻与改土

深翻是土壤改良最基本的措施。通过深翻可以松动土壤，改善土壤的通透性，使土壤孔隙度增加，土壤好气微生物活性增强，同时保肥、保水能力增强；通过深翻可以提高软枣猕猴桃的抗寒等适应不良环境的能力，增加树体的抗逆性，提高果实品质和产量。深翻可以与施肥相结合。深翻的时期一般在果实采收后至休眠前进行。

2. 地面覆盖

果园地面覆盖能够减少土壤水分散失，增加土壤有机质，促进团粒结构形成，增强透水、通气性，促进果树根系的生长，减少地温的日变化和季节变化，促进土壤动物和微生物的活动，还能抑制杂草的生长，减少果园用工，从而起到保墒、调节地温、培肥地力、提高抗旱性的作用。因此，地面覆盖是土壤管理的有效措施，也是提高产量、改善品质、降低成本、增加收入的成功措施。地面覆盖可在春、夏、秋季进行，但以5～6月份为好。在树冠下、株间、行间或全园覆盖有机物（草、秸秆、糠壳、杂草和落叶等）、沙等。覆盖要因地制宜，北方平原的小麦、玉米产区，可利用麦秸和玉米秸作覆盖物；山区、丘陵可用草或绿肥作物，割下后就地覆盖；干旱地区也可在树下地表面铺一层河沙或粗沙与石砾的混合物，果农称之为"沙田"，保墒效果显著。覆盖前宜适当补施氮肥，有助于土壤微生物活动，促进腐烂。最好在雨后或灌后覆盖。覆盖用草应尽量细碎，厚度15～20cm，将草均匀撒布于地面为宜，其上局部点状压上散土，以防风吹或火灾。覆盖后应加强对潜叶蛾类害虫的防治。全园覆草应留出作业道，以便灌水及进行其他管理。覆盖有机物的果园可以在秋后结合施肥进行翻压，翌年再覆。实行地膜覆盖和覆沙虽然不能增加土壤有机质含量，但其保墒作用明显。

二、水分管理

软枣猕猴桃根系分布浅，叶片蒸腾作用旺盛，水分散失快，喜湿润，怕干旱。夏季干旱时期，常发生水分失调引起叶片焦枯、日灼落果。因此，要根据软枣猕猴桃的需水特点，适时适量灌溉和排水，以保证软枣猕猴桃的蓄水平衡。

软枣猕猴桃生长季节要根据天气和土壤含水量实际情况来确定是否需要浇水，进入雨季要做好排水工作，避免树体浸泡在水中，发生烂根现象。春季萌芽前、开花前都要浇一次透水。在枝条旺盛生长期，土壤含水量少于田间最大持水量的60%时就需要灌水，以利于加速新梢生长和花器发育，增大叶面积，增强光合作用。开花坐果期一般不灌水，果实发育期根据降雨情况，每7～10天灌1次小水。果实接近成熟时，为提高果实品质，一般不再进行灌水，但在降雨很少、土壤含水量很低时，也应适量灌水。秋季施肥后要灌1次透水，秋旱应根据土壤湿度及时灌溉，如雨水较多或出现积水时，应注意排涝，防止因涝影响树体的生长发育。寒冷干旱地区进入冬季前，为了防止冬旱，应在土壤封冻前灌足封冻水，提高果树的越冬抗旱、抗寒能力，以便树体安全过冬和翌春生长。

三、营养管理

年周期中生长发育的几个重要时期也是营养关键时期，应及时满足所需的营养条件。春季为果树器官生长和建造时期，根、枝、花的生长随气温的上升而加速，萌芽、新梢生长都要大量消耗体内贮存的养分，体内营养水平低，会影响抽梢和果实发育。此期施肥，可以解决体内养分贮存不足和萌芽、新梢生长需要消耗较多养分间的矛盾，促进萌发和新梢生长，尤其是对树势弱或上年施肥少的树。此次施肥极为关键，肥料种类多以氮肥为主，也可追施多元（含氮、磷、钾、钙、镁、硫、铁、硼、锌、锰等）复混肥（配方）或氮、磷、钾复合肥。

基肥是果树正常生长结果必不可少的营养源，是较长时期供给果树多种养分的基础肥料。基肥以早秋施入为好，若因劳力、肥源等问题没有及时施入，早春结合果园翻耕改土补施基肥也行，但其效果较早秋施要差一些。补施基肥的最好时期是在土壤刚解冻，深度达到一锹深时，以后施入基肥效果就差了。每亩施腐熟的农家肥4000～5000kg，可平铺于树冠投影外围，也可开沟施入沟的中下部，施入沟内后与填入的沟土混匀以防灼根，施肥后浇1次水。

上年秋季已经施过有机肥的，为保证芽眼的正常萌发和新梢的迅速生长，在芽眼萌动前追施1次速效性化肥。追肥作为基肥的补充，一般用量较少，但随着产量增加，追肥用量也相应随之增加。春季追肥以根部追施化肥为主，采用沟施或穴施均可，深度为10～15cm，施肥后覆土盖严，幼树可少施，施肥后浇一遍萌芽水，萌芽水一定要浇透，以促使化肥充分溶解发挥作用。也可选用冲施肥随水冲施。结合施萌芽肥，进行一次全园浅耕，深度5～10cm为宜，这样可以将地表的病菌翻入地下，从而降低病虫害的发生和侵染概率。这次翻耕有利提高土温，促进发根和养分吸收。有条件的地方可对畦面进行覆盖，覆盖材料有地膜、秸秆、稻草等，覆盖后能有效减少地面蒸发，抑制杂草生长，稳定土壤温、湿度等，同时有机覆盖物经分解腐烂后成为有机肥料，可改良土壤。生草栽培土壤则不用进行耕作。周围作物使用除草剂时，注意除草剂种类的选择，避免造成除草剂伤害。

幼树根系浅，分布范围不大，追肥也应小范围浅施，随树龄的增大、根系的扩展，施肥的范围和深度也要逐年加深扩大。像氮等移动性强的肥料可以适当浅施，钾等移动性差的肥料应严格施在根系集中分布层内，而像磷、铁等易被土壤固定的肥料最好和基肥同时施入。清耕果园，氮与钾的含量一般是春季少，夏季有所增加；磷素含量则相反，一般是春季多而夏季较少。

四、修剪管理

软枣猕猴桃新梢生长旺盛，极易抽生副梢，且叶片较大，夏季常常造成枝条生长过密，树冠郁闭，导致营养无效消耗过多，影响营养生长和生殖生长的平衡，不利于果实生长和品质的提高，还会影响下一年花芽分化质量。夏季修剪是从春季开始直到秋季的整个生长季节的枝蔓管理，目的在于改善树冠内部通风透光条件，调节树体营养的分配，以利于树体的正常生长和结果。与其他果树相比，猕猴桃夏季修剪的工作更为重要。

1. 抹芽

抹芽是去除刚发出的过密或位置不当芽，以便有效地利用养分和空间。春季芽萌发后，主干上的潜伏芽发育成生长势很强的徒长枝，根蘖处也常会发出根蘖苗，要尽早抹除。从主蔓或结果母枝基部的芽眼上发出的枝，常会成为下年良好的结果母枝，一般应予以保留。由这些部位的潜伏芽发出的徒长枝，可留2～3个芽短截，待重新发出二次枝后培养为结果母枝的预备枝。对于结果母枝上抽生的双芽、三芽等，一般只留一芽，多余的芽尽早抹除。抹芽一般从芽萌动期开始，每隔2周左右进行1次，抹芽及时、彻底，能够避免营养浪费，并大大减少其他环节的工作量。

2. 疏枝

由于软枣猕猴桃的树冠呈平面状，容易造成树冠内膛遮阴，光照不良的枝条光合效率差，这些枝条不能得到充足的养分，叶片会长期处于缺营养状态，其上着生的果实糖度低，果肉颜色变淡，耐储性降低，花芽发育不良。要获得较高的产量与果实质量，并确保下年足够的花量，需使架面的叶片都能得到充足光照。在初夏架面下有较多的光照斑点时，表明架面的枝条不过密，下层的叶片也能得到充足的光照。

据测定，软枣猕猴桃园最大的光合产物总量出现在叶面积系数33.0～33.5，这时在萌芽100天前后。此前树冠上因为叶片数量少、单叶面积小，还不能充分利用整个架面的光能。但此后随着更多的新梢、新叶出现，叶片之间相互遮阴的现象逐渐严重，必须通过疏枝调整树冠的叶面积指数，使树冠整体的光合效率维持在最佳状态。疏枝从5月下旬开始，6～7月枝条旺盛生长期是疏枝的关键时期。在主蔓上和结果母枝的基部附近留足下年的预备枝，即每侧留10～12个强旺发育枝，疏除结果母枝上多余的枝条、未结果且下年不能使用的发育枝、细弱的结果枝及病虫枝等，使同一侧的一年生枝间距保持在20～25cm，疏枝后7～8月的果园叶面积指数（植株上全部叶片的总面积与植株所占土地面积之比）大致应保持在3.0～3.3。不同架形树冠内光照分布不同，棚架架面的光照分布均匀，但"T"形架在上午时东边接受的光照量大，下午西边接受的光照量大，全天每边只能得到大约总光照的60%。因此，要注意同时疏除架顶和架面两侧多余的新梢。

3. 绑蔓和引蔓

对幼树和初结果树的长旺枝绑蔓、引蔓是软枣猕猴桃夏季管理中极其重要的一项工作，尤其在新梢生长旺盛的夏季，每隔2周左右就应进行1次，将新梢生长方向调顺，避免互相重叠交叉，在架面上分布均匀。软枣猕猴桃枝条大多数向上直立生长，与基枝的结合在前期不太牢固，绑蔓时要注意防止拉劈，对强旺枝可在基部拿枝软化后再拉平绑缚。为了防止枝条与铅线摩擦受损伤，绑蔓时应先将细绳在铅丝上缠绕1～2圈再绑缚枝条，不可将枝条和铅丝直接绑在一起。绑缚不能过紧，使新梢有一定活动余地，以免影响加粗生长。

4. 摘心和剪梢

软枣猕猴桃的短枝和中庸枝生长一段时间后会自动停长，但长旺枝的长势特别强，长度可达2～3m，生长旺盛的枝条到后期会出现节间变长、枝条变细、叶片变小的情况，先端会缠绕在其他物体上，给后期的田间操作带来不便，需要及时摘心控制生长。摘心一般在6月上中旬大多数中短枝已经停止生长时开始，对未停止生长、顶端开始弯曲准备缠绕其他物体的强旺枝，摘去新梢顶端的3～5cm，使之停止生长，促使芽眼发育和枝条成熟。摘心一般间隔2周左右进行一遍。但主蔓附近和架面两侧预备留给下年的预备枝不要急于摘心，待顶端开始缠绕时再摘心。摘心一定要及时不能懈怠，否则严重影响当年和第二年产量。

目前，摘心技术应用出现的偏差是摘心（剪梢）过重。有的在结果部位之上留3～5个叶短截，重摘心的枝条至少有4～5个已经发育或即将发育成熟的叶片被剪去，而重摘心后又刺激发出几个新梢，使树体营养遭到很大浪费，又造成架面新梢密集。同时重摘心后发出的二次枝，其基部3～5个芽通常发育不良，不能形成花芽，若留作结果母枝则结果能力降低，尤其生产中有的夏剪多次重短截，更加剧了这种副作用。为了控制二次枝的发出，也可在基部进行捏尖处理，即把生长顶端用手指重捏一下，使顶端的水分放掉，这样二次枝梢不容易发出。

五、辅助授粉

软枣猕猴桃开花期容易遇到大风、阴雨等不良天气，不良天气情况下蜜蜂活动受限，严重影响授粉，采用人工辅助授粉可弥补授粉不良情况，提高坐果率、增加果实产量、改进果实品质，从而获得最佳效益。人工辅助授粉时可取当日开放的雄花直接对着新开放的雌花进行涂抹，每朵雄花可授5～7朵雌花。除此之外，还可以利用提前采集的花粉，用毛笔或者电动授粉机进行人工授粉。人工辅助授粉的基本操作流程：花粉采集和贮存→花粉吸湿→花粉稀释→授粉。

1. 花粉采集和贮存

软枣猕猴桃目前还没有专门的商品花粉出售，人工辅助授粉需要提前采集花粉。花粉的采集分为4步：选→取→干→存。

（1）**选** 选择与主栽品种授粉亲和力强且花期较早的雄株。在开花前1～2天，采摘气球状花蕾或初开的花（图2-19）。采花不可过早或过晚，过早，花药发育不成熟；过晚，花在树上已经散粉。最好同时采几个品种的花朵混合，以提高授粉效率。

图2-19 气球状花蕾

（2）**取** 采后剥去花瓣，在细铁纱筛上轻轻揉搓，或将两花心对搓，然后去除花丝、萼片等杂质，收集花药（图2-20）。也可用花药分离机和花粉提取机，提高收集花粉的效率。

（3）**干** 将花药置于20～25℃、湿度60%～80%的室内阴干，一般经一昼夜即可散出黄色花粉。或者使用烘箱在20～25℃下烘干。

（4）**存** 将花粉收集到专用花粉袋中或者广口瓶中，置于冷凉处（如冰箱内）保存备用。长期贮存时置于冰箱内冷冻保存备用。

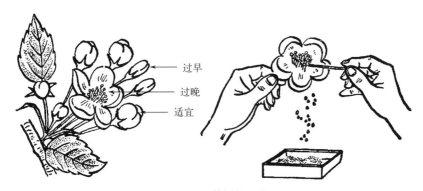

图2-20 花粉的采集

2. 花粉吸湿

花粉的吸湿是指在开花前1～2天，对需要使用的花粉进行吸湿，让花粉恢复活性。需要提前准备好一张干净的白纸，一个小瓷盘，两个干净的塑料盆，一条毛巾，一瓶纯净水（注意：自来水含有氯气，会降低花粉活力，杀死花粉）。把毛巾用纯净水浸湿，平铺在一个塑料盆的底部，瓷盘放在毛巾上，白纸铺在瓷盘上（注意：不能让花粉直接接触水）。从冷冻室拿出花粉后在常温下放置一段时间，在花粉的温度跟室内的温度一致时，再把花粉从密封包装袋中取出来。把花粉打开倒入白纸上均匀摊开，然后用另外一个塑料盆盖上。根据花粉的量吸湿6～12h即可使用。

3. 花粉稀释

授粉当天，将吸湿后的花粉与花粉增量剂按照指定比例混合均匀，1次的混合量要保证3～4h内用完。稀释剂有石松子、滑石粉、甘薯淀粉、玉米淀粉等。人工点授按照1∶（3～5），机械喷粉按照1∶（50～250），机械喷雾按照1∶10000左右进行稀释。

4. 授粉

（1）人工授粉　人工授粉宜在盛花初期进行，以花朵开放的当天授粉坐果率最高。但因花朵常分期开放，尤其是遇低温时，花期拖长，后期开放的花朵自然坐果率低。因此，1个花期内要连续授粉2～3次，要特别加强对中晚期开放的花授粉，以提高坐果率。

人工点授时间最好在9～11点之间进行。用毛笔、软橡皮、气门芯、毛巾或鸡毛掸等点授。点授时，将蘸有花粉的授粉器向铃铛花或初开花的柱头上轻轻一点，将花粉均匀地点在柱头上即可，每蘸一次可点4～10朵花（图2-21）。点授虽节省花粉，但费工、费时，效率低，成本高，在人力资源充足的小型果园应用较多。

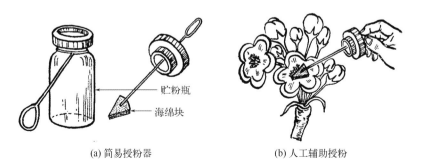

(a) 简易授粉器　　　　　(b) 人工辅助授粉

图2-21　人工点授

（2）机械喷粉　用电动授粉枪进行，授粉时枪头对准需要授粉的花的雌蕊，手指摁一下开关即可完成授粉。

六、树体保护

1. 树干涂白

主干和主枝涂白可以减少对太阳热能的吸收，降低树干昼夜温差，防止冻害发生，另外还可以杀死越冬病虫。涂白剂常用配方为：水10kg，生石灰3kg，食盐0.5kg，豆油0.5kg，石硫合剂原液1L。配制时首先用少量水化开生石灰，滤去渣子成石灰乳。然后用热水化开食盐，并将石硫合剂原液倒入食盐水中。最后将食盐、石硫合剂水倒入石灰乳中，搅拌均匀。涂白时可以用毛刷将涂白剂均匀地涂在树干及大枝上、根颈及分杈处（图2-22）。

图2-22
树干涂白

2. 枝干包扎

对不耐寒的较大的幼树，应用作物秸秆、稻草等将幼树的枝干包扎起来，包扎时包严包紧，不留空隙。包扎枝干可以增强幼树防寒能力，减少水分蒸发和寒风侵袭，对防止抽条有良好效果。

3. 喷果树保护剂

保护剂在树体上形成保护膜后，可减少水分散失，防止抽条。在冬季寒冷的地区可于1月下旬和2月中下旬各喷一次，也可以涂抹。常用的保护剂有2%～3%聚乙烯醇，100～150倍的羧甲基纤维素，5～10倍的石蜡乳剂，高脂膜等。使用前，聚乙烯醇需要用沸水化开，然后再稀释。羧甲基纤维素最好用5～10倍的温水浸泡1昼夜，使之成糊状，然后兑足水再喷。

4.摇落积雪

大雪过后，及时将树冠积雪摇落，防止融化的积雪在树体上结冰，使树体受冻和压断枝条。

第四节　软枣猕猴桃设施栽培管理

一、常见设施类型

1.日光温室

日光温室是我国特有的园艺设施类型，由后墙、后屋面、前屋面和保温覆盖物四部分组成，温室东西走向，不配备采暖设施，主要是利用太阳辐射热能，通过后墙体对太阳能吸收实现蓄放热，维持室内一定的温度水平，以满足作物生长的需要（图2-23）。是一种节能型温室，也是我国应

图2-23
日光温室

用最广泛的设施类型，适合冬季寒冷的北方地区。但设施土地利用率不高，夏季通风比较困难。日光温室用于软枣猕猴桃促成栽培时，辽南地区一般在12月中旬开始升温，成熟期可较露地提早2～3个月，果实一般在5～6月份成熟。

2. 冷棚

冷棚又称塑料大棚，跨度可达8.0～12.0m，高度2.5～3.5m，拱间距0.6～0.8m。塑料大棚按照骨架结构可以分为竹木、混凝土和钢架结构三大类型。钢架结构大棚目前普遍采用装配式镀锌薄壁钢管骨架，棚体用卡具和套管组装而成，使用寿命10～15年（图2-24）。冷棚可采取独栋或者连栋形式。冷棚栽培软枣猕猴桃具有管理方便、设施建造成本低、效益较高等特点，果实成熟期可较露地提早15～20天，一般在7～8月份成熟。

图2-24
冷棚

二、品种选择

设施软枣猕猴桃生产与露地软枣猕猴桃生产相比，是一种高投入、高产出的集约化栽培方式，为了能达到预期的目标，品种的选择非常重要。目前我国软枣猕猴桃设施栽培以促成栽培为主，为了使软枣猕猴桃提早成熟，提前上市，抢占果品淡季市场，提高售价和经济效益，选择品种时要考虑需冷量比较少，品质优，果个大的早、中熟品种，如'魁绿''长江1号''909''海佳'等；也可选择一些优质晚熟品种如'龙成2号'等。设施栽培时一定要按照比例搭配雄株。需要注意的是，不是所有品种都适合设施栽培，例如'桓优1号'等品种在设施内就表现为果实不能正常成熟变软等。

三、设施内环境调控

1. 环境调控标准及注意事项

设施软枣猕猴桃环境调控标准及注意事项如表2-1所示。

表2-1　设施软枣猕猴桃环境调控标准及注意事项

物候期	温度/℃	相对湿度/%	注意事项
休眠期	0～5	90	维持适宜的低温，保持湿度
树液流动期	5～20	90	逐步升温，提高地温，增加蓄热
萌芽展叶、新梢生长期	白天：20～25 夜间：10	60	降低湿度，改善光照，增加CO_2，防止冻害
开花期	白天：23～25 夜间：10～15	50	禁止浇水，控制湿度，加强通风透光，增施CO_2气肥
果实发育期	白天：25～28 夜间：15～18	50～60	保证充足水肥，改善树体通风透光条件
果实成熟期	白天：25～28 夜间：15～18	50～60	加大昼夜温差，改善果实品质
采后～落叶期	露地自然温度	露地自然湿度	撤去棚膜改为露地栽培模式，及时进行采后修剪

2. 环境调控措施

温度的调控包括保温、加温和降温三个方面。保温措施包括：科学设计设施的方位与结构，进行多层覆盖，增加棚膜透光率，正确揭盖草帘、棉被、保温幕等。常用的加温方式包括：热风采暖、热水采暖、热气采暖、电热采暖、辐射采暖、火炉采暖等。降温措施包括：通风换气降温、遮阳降温、喷雾降温、及时撤膜降温等。

湿度的调控包括降低空气湿度和增加空气湿度。降低空气湿度措施包括：通风换气、加温除湿、全园覆盖、科学灌溉等。增加空气湿度措施包括：喷雾加湿、湿帘加湿、适时灌水等。

光照调控措施包括：科学规划设施方位、优化设施结构、改善覆盖材料、人工补光等。

四、栽培管理技术

（一）整形修剪

软枣猕猴桃萌芽率高，植株生长势旺，设施栽培时采用棚架比较适宜。树形为单主干多主蔓龙干形。主干直立，干高沿行向从南到北逐渐增高（即最南边一株干高1.2m，最北边一株干高2m）。在距离棚架架面20～30cm处，向行间两侧各分生2个主蔓，主蔓之间间距50cm左右，每条主蔓长1.5m，每条主蔓如1条龙干，主蔓上直接着生结果母枝，同侧结果母枝间距15～25cm。生长季注意控制架面枝量，及时疏除生长过旺的营养枝、过密枝、徒长枝、病虫枝等，对生长旺盛的枝条进行摘心，保持架面通风透光，使枝叶受光均匀。结果枝自然下垂，果实位于架面以下，可有效预防果实日灼。对于生长旺盛的结果枝，花前及时摘心，控制生长。果实采收后对结果母枝留基部2～3芽进行短截，促发新梢，培养翌年结果母枝。冬季修剪时旺枝剪留20～30cm，中庸枝剪留15cm，细弱枝疏除。

（二）花果管理

1. 合理配置授粉树

定植时按照雌雄株比例8∶1均匀配置授粉树。雄株不足时，可采用花期挂花枝的方法进行补充，即在缺少雄株的地方挂上装满清水的水瓶，从雄株采集含苞待放的花枝插入水瓶中，每天给水瓶补充清水，每1～2天更换花枝1次（图2-25）。

2. 授粉

为了提高坐果率和果实质量，软枣猕猴桃设施栽培时花期需要放蜂，每亩配 1 ～ 2 箱蜜蜂，在花朵开放前 1 ～ 2 天将蜂箱放在棚室中间位置，调整好角度，平稳放置（图 2-26）。也可以进行人工辅助授粉，取当日开放的雄花直接对着新开放的雌花进行涂抹，每朵雄花可授 5 ～ 7 朵雌花。也可以提前收集雄花粉，使用时用花粉稀释剂稀释花粉，用毛笔或者电动授粉机进行人工授粉。

图 2-25　花期挂花枝

3. 疏花疏果

软枣猕猴桃果实比较小，疏花疏果工作比较简单。花前疏去过密、畸形、病虫危害的花蕾，坐果后疏除畸形果和过小的果，保证所留的果大小整齐一致、分布均匀、自然下垂。

(a)

（三）土肥水管理

软枣猕猴桃喜疏松肥沃的土壤，对肥水要求较高，施肥以腐熟的有机肥为主，在每年秋季施入。在萌芽期、花后、果实膨大期及果实成熟前各追肥 1 次，前期以氮肥为主，后期以磷、钾肥为主。叶面喷肥每 10 ～ 15 天 1 次，可选择磷酸二氢钾、

(b)

图 2-26　温室放蜂

氨基酸叶面肥等，叶面喷肥对促进果实发育、提高品质效果显著。

灌溉最好采用滴灌。根据土壤水分情况并结合追肥，分别在萌芽前、坐果后、果实膨大期、采果修剪后、土壤上冻前进行灌水，保持土层湿润。

（四）病虫害综合防治

软枣猕猴桃设施栽培时病虫害发生较露地少，目前局部发现有红蜘蛛、桑白蚧、蓑蛾等，尚未对生产造成太大影响，生产中应采取"预防为主，综合防治"的植保方针。定植前严格淘汰病苗并对苗木消毒。加强栽培管理，提高树体营养水平，合理负载，增强树体对病虫害的抗性。实行全园覆膜，加强环境调控，严格控制设施内湿度达到最低，可有效预防各种病害的发生。采用黑光灯、糖醋罐、性诱剂等有针对性地诱杀害虫，并创造良好的设施内生态环境来保护天敌的生存、繁衍，达到以虫治虫的目的。冬季修剪后及时清园，剪除枯枝、病枝，清理园内僵果、落叶，刮掉老皮、病斑等，进行烧毁或深埋，减少病源、虫源。在升温后萌芽前全园喷施一次石硫合剂可有效预防病虫害发生，可在设施内用杀虫、杀菌烟雾剂进行熏蒸预防，少量蓑蛾可用人工消除，花前预防花腐病，生长季提倡使用生物源农药和矿物源农药。

常用的生物源农药有：春雷霉素（多氧霉素）、井冈霉素、嘧啶核苷类抗菌素（农抗120）、浏阳霉素、华光霉素、青虫菌、苏云金杆菌、绿僵菌、性信息素、捕食螨。常用的植物源农药有：除虫菊素、川楝素、鱼藤酮、烟碱、植物油乳剂、大蒜素等。常用的矿物源农药有：硫悬浮剂、石硫合剂、硫酸铜、氢氧化铜、波尔多液等。

除此之外，软枣猕猴桃在设施栽培时还会受到恶劣天气的影响，常见的情况有高温伤害、日灼、水涝、缺素症等，在日常管理当中应加强设施内环境的调控，创造适宜猕猴桃生长的条件。

总之，在病虫害防治中，提倡以生物防治为主，结合农业防治，辅以科学用药的综合防治措施，减少用药次数和用量，保护环境，提高社会效益和生态效益。

第三章
无花果栽培与利用

第一节 认识无花果

一、概述

无花果是桑科无花果属（亦称榕属）植物，为多年生落叶小乔木。它有许多别名，如优昙钵、蜜果、映日果、奶浆果、底珍树、天仙果、天生子、文仙果、晶仙果、明目果等。

为什么叫无花果？是因为无花果的花序为隐头花序，花隐藏在囊状花托里边，形小，为淡红色单性花。在它的花托里有2000～2800个密生的小果。果实由肉质肥厚的囊状花托和小果组成。由于在外面看不到无花果的花，古人误以为无花。《群芳谱》中记载："优昙钵出肇庆府，似枇杷，无花而实。"据明代《救荒本草》记载，"无花果生山野中，今人家园圃中亦栽"，从此才有了无花果名称。

无花果的花为雌、雄异花，而且有些品种有单性结实的特性。大多数栽培品种的花序中主要为中性花和少数长柱雌花，雌花可以不经过授粉、受精，就可发育成果实，若经过授粉可产生种子。根据这个特性，在生产上可以选用单性结实的品种进行建园。

无花果果实有着丰富的营养，含有蛋白质1.0%、脂肪0.1%、碳水化合物16%。加工干制果中糖含量高达75%左右。此外含有大量的维生素C、维生素A、微量元素、酶类和人体必需的多种氨基酸，非常美味可口。现代药理研究证实，无花果中含有某些活性物质，具有一定的抗肿瘤活性作用。所以，无花果成为世界公认的人类健康的"守护神"和水果中的抗癌"明星"。

无花果果实具有良好的加工特性，可以制成果酱、果脯、罐头、果汁、果粉、蜜饯、糖浆及系列饮料。无花果还具有增强免疫力、疗咽治痔、明目生津、健胃清肠、治疗腹泻等医用价值，其根、茎、叶和果均为传统的中药原料。无花果也可以作为绿化树种栽植庭院或路旁。

（一）栽培利用历史及现状

无花果的栽培历史在4500年以上，与葡萄、海枣、油橄榄被认为是人类最早驯化的四大古老树种。无花果原产于阿拉伯南部干燥而肥沃的亚热带地区，慢慢向北部传播到叙利亚和小亚细亚，又逐渐传播到地中海诸岛和沿岸各国，但是在向亚洲东部和非洲南部传播时花费了较长时间。随着美洲新大陆的发现，无花果被传播到了美洲的热带、亚热带及温带地区并被大面积栽培。目前无花果的栽培面积和产量较高的国家有土耳其、埃及、阿尔及利亚、伊朗、摩洛哥等。我国无花果栽培历史可以追溯到汉代，"丝绸之路"将无花果引入新疆南部，主要栽种在和田、阿图什地区，在唐代和宋代由新疆传播到甘肃、陕西、中原及岭南等地。20世纪80年代以来，为了配合江苏沿海滩涂综合开发利用项目的实施，南京农业大学牵头组建了无花果科研团队，开展了无花果的种质资源、逆境生理研究、营养保健制品及加工利用等系列的研究工作，通过研究证实了无花果的许多优良特性，取得了大量的研究成果，同时通过科研成果转化带动了江苏、上海、浙江、河南、山东、安徽、福建、甘肃、四川、新疆等地无花果产业的发展。

据联合国粮农组织统计，2011年我国无花果产量约为12000t，总产值716.3万美元，居世界第17位。2016年全国无花果栽种平均规模已达5000hm^2，产出达41800t。2023年8月，四川省内江市威远县召开了第七届国际园艺学会世界无花果大会，这个会议被称为无花果产业界的"奥运会"，意味着我国已经顺利成为全球最重要的无花果生产国之一。我国无花果主要栽培区域分布在新疆、山东、湖南、江苏、浙江、云南、福建等地，其中，新疆栽培无花果面积最大，其他地区多零星栽培。随着经济的发展以及人们的生活质量的改善，无花果的功效、作为食物的安全性以及其他医疗保健功能越来越被认可。因此，推进无花果的大规模、工厂化、标准化的种植，不仅可以为当地的农户带来更多的收入，也可以满足市场上的多样性，从而改善我国的农产品结构。

（二）生物学特性

无花果为落叶小乔木或灌木（图3-1）。一般定植后2～3年进入初结果期，6～7年进入盛期，经济结果年限一般为40～70年，甚至可达100年以上。

1. 根

无花果属浅根性果树。根系在土壤15cm深、土层温度达到10℃时开始生长发育，土温达到20～26℃时进入生长高峰，温度低于8℃时根系

图3-1　无花果植株

停止生长。无花果根系死亡腐败后会分解出水溶性有毒物质，产生严重的连作障碍。无花果根系不耐涝，浸水2～4天即窒息死亡。

2. 枝叶和芽

无花果的生长势较旺，幼树新梢和徒长枝年生长量可达2m以上，而且枝条还有多次生长习性，这个特点有利于幼树迅速形成树冠，较早进入结果期。设施栽培可以利用这个特点进行重剪后重新发枝结果。无花果的萌芽力和成枝力较弱，因此树冠比较稀疏。

无花果的叶片为倒卵形或圆形，掌状单叶，5～7裂，叶互生，革质，弱肉质，大而厚。叶面粗糙，叶背具有锈色硬毛，叶脉非常明显。叶片脱落后在枝条上可留下三角形叶柄痕（图3-2）。

图3-2　无花果叶片和枝条

无花果一年生枝上的顶芽饱满，中上部着生的芽次之，基部的芽多为瘪芽而成为潜伏芽。潜伏芽寿命很长，可达数十年，骨干枝上容易形成大量的不定芽，这个特点有利于无花果的树冠更新。无花果的新梢顶端通常为叶芽，而在叶腋处则是果实与叶芽并存。

3. 花与果实

无花果的花为隐头花序，花托肥大，多汁中空，花托顶端有孔，孔口是空气和昆虫进出的通道，其周围排列着许多鳞片状苞片。在果实内壁密生有约1500～2800朵小花。在果实形成20天左右时开花。普通型无花果的花托内只有雌花，但无受精能力，胚珠发育不完全，不经授粉受精花托即可膨大发育成聚合果（图3-3）。

图3-3　无花果果实

　　无花果的果实根据形成时期可分为春果、夏果和秋果。春果的数量很少，主要结果部位为上年生枝未曾结果部位，常在枝条长势生长中庸健壮的一年生枝的基部和顶部出现。夏果在当年生结果新梢叶腋内分化形成。当年生结果新梢在生长停滞一段时间后，一般在6月下旬到7月上旬开始二次加长生长，而后形成秋梢，并在枝条叶腋内分化形成秋果。春果是在腋芽内分化花托原始体后休眠越冬，第二年继续进行分化并形成花的其余器官。而夏果和秋果都是在萌芽后抽生的新梢由基部向上，渐次形成的。据观察，无花果在芽萌发前没有花芽分化的迹象，形成花芽的途径主要是芽外分化，即在无花果新梢生长的同时，腋芽内进行着花托分化、果实发育等过程。

　　无花果的果实发育可分为三个阶段：

　　（1）幼果期　从果粒膨大到果面绿色鲜嫩，果面茸毛明显。幼果期特点是细胞数量增长很快但果实体积和重量增长缓慢，果实组织致密紧实。这一过程大约需要10～15天的时间。

　　（2）果实膨大期　果面颜色从浅绿色逐渐变为深绿色，果面茸毛也逐渐减少，果实体积增长加快，果肉组织开始变得疏松。这个阶段约40～50天。

　　（3）果实成熟期　果面茸毛几乎全部脱落，果肉成熟变软，果实体积迅速增大。果实糖分积累急剧增加，果酸含量则明显减少，表现出无花果特有的甘甜软糯的风味。这个阶段只有4～6天。

无花果的果实一般从结果枝基部起由下向上依次成熟，下一节位果实成熟后，临近上个节位的果实才能成熟，集中采果期在7～9月份。

4. 对环境条件的要求

（1）**温度**　无花果适宜于比较温暖的气候，在生长季能耐较高的温度，但耐寒性较差。一年生枝在冬季温度−12～−10℃时即出现冻害，当温度低于−18℃时，一般品种地上部分均会被冻死。温度达到−22～−20℃时根颈以上的整个地上部将受冻死亡。

（2）**光照**　无花果是喜光树种，在良好光照条件下，树体生长健壮，花芽质量高，坐果率高，果枝寿命长，果实品种优良，含糖量高。

（3）**水分**　无花果不耐水淹，在淹水情况下，叶子很快枯萎掉落，甚至整株死亡。一般平均年降雨量在600～800mm的地区适宜栽种无花果。

（4）**土壤**　无花果对土壤条件的要求不严格，在黏土、砂土、酸性和碱性土壤中均能生长。理想的土壤条件为保水力较好的砂壤土。无花果耐盐碱力也很强，是开发盐碱地的先锋绿化树种和果用树种。

二、种类与主要品种

无花果是桑科无花果属（亦称榕属）木本果树。无花果属大约有600个种，大多数为原产于世界各热带地区的大乔木或藤本，只有少数原产于亚热带地区，该属中可作为果树栽培的只有无花果（*Ficus carica* L.）1种。由于无花果冬季落叶期能耐相当的低温，故在温带也可广泛栽培。我国新疆和田有百年大树，美国加州有干周4m、高达20m的巨树。

（一）主要种类

1. 原生型无花果

原生型无花果为原产于小亚细亚及阿拉伯一带的野生种。其花序中（空心花托）有雄花、虫瘿花和雌花。雄花着生于花托内的上半部，虫瘿花密生于花托内的下半部，雌花也着生于下半部但数量极少。在温带地区一年内可以陆续结果，即春果、夏果和秋果。但其果实较小，食用价值不佳，常用作其他种类授粉之用。

2. 普通无花果

目前世界各国的主要栽培品种都属此类。这类无花果的特点是花序中只形成雌花，但在未经授粉的情况下，雌花可以结出可食用的果实。而经过人工授粉，这些果实也会发育出种子。

3. 斯密尔那无花果

主要在小亚细亚斯密尔那栽培。花序中只形成雌花，但需要无花果传粉蜂进行授粉后才能结出可食用的果实，许多制果干用的品种属于这一类型。

4. 中间型无花果

该类型第一批花序坐果特点与普通无花果相当接近，不经授粉即能长成可食用的无花果；而第二、第三批花序特征与斯密尔那无花果类群相似，需要经过授粉才能长成可食用的果实。

（二）主要栽培品种

目前，世界各国的主要栽培品种为普通无花果，具有单性结实能力，花序中只形成雌花，不经授粉就能发育成可食用的果实。目前我国生产上应用品种主要有以下几种。

1.'布兰瑞克'

原产于法国。夏秋果兼用，以秋果为主。夏果呈长倒圆锥形，成熟时绿黄色，单果重100～140g。秋果倒圆锥形或倒卵形，果形不正，多偏向一侧，单果重40～60g。成熟时果皮绿黄色，果顶不开裂，果实中空，果肉粉红色。可溶性固形物含量16%以上，风味香甜，品质优良。果实底部与顶部成熟度不一致，果皮较厚，剥食时难脱皮，所制干品品质优良。成熟时遇雨顶部易裂腐烂。该品种长势中庸，树姿半开张，连续结果能力强，丰产。耐盐碱、耐寒力强，黄河以南地区可露地越冬（图3-4）。

图3-4 '布兰瑞克'

2.'斯特拉'

夏秋果兼用，夏果较多，但仍以秋果为主。结果能力强，始果部位低，丰产。果长卵圆形，外形美观。果较大，单果重60～120g；成熟果果皮厚，淡黄色至黄绿色，硬度较高，果目小。果肉深红色，可溶性固形物含量17%～23%，果蜜多，果肉细腻，味香甜，不腻人，无青涩味，味道极佳。

'斯特拉'无花果果实品质极优，耐阴雨，不裂果，耐贮运，抗寒性强，早期丰产，适宜在我国广大地区种植，更是多雨地区难得的抗裂果的优良品种，也是采摘园、保护地和盆栽首选的优良品种（图3-5）。

图3-5 '斯特拉'

3.'芭劳奈'

'芭劳奈'为夏、秋果兼用品种，夏果产量较高，但仍以秋果为主。果皮淡黄褐或茶褐色，皮孔明显。夏果和秋果的颜色、形状和味道差别很大。夏果较多，果形细长，果个大，重达150g以上。秋果长圆锥形，果柄端稍细，中等大，单果重40～110g；果目微开，果肋明显，果顶部略平，果肉颜色浅红，较致密，孔隙小。果肉可溶性固形物含量18%～21%，肉质为黏质，甜味浓，糯性强，有丰富的焦糖香味。鲜食味道浓郁，风味佳，品质极优。'芭劳奈'鲜果早产丰产，是新一代的无花果优良品种（图3-6）。

图3-6 '芭劳奈'

4.'波姬红'

夏秋果实兼用，以秋果品种为主。果实长卵圆形或长圆锥形。果皮鲜艳，为条状褐色或紫红色。秋果单果重60～90g，果肉红色，味甜，汁多，可溶性固形物含量一般为16%～19%。品质风味较好，极丰产，为红色大果鲜食品种（图3-7）。

图3-7 '波姬红'

第二节　无花果育苗与建园

一、苗木培育

无花果硬枝扦插一般在3～4月温度达15℃以上时进行。辽宁熊岳于塑料大棚中扦插可在3月上旬。

1. 插条的选择与贮存

无花果枝条容易生根，扦插成活率高，生产上普遍采用硬枝扦插育苗。枝条怕冻，采下的插条要贮藏好，防止受冻害。

插条要选择生长健壮、芽体饱满、节间短粗、无病虫害、充分成熟的当年生枝条。一般在无花果落叶后，结合冬季修剪选留枝条。去掉枝条顶端不成熟部分，每50～100枝捆成1捆。埋入地窖或室外土坑里，用湿沙埋藏越冬。温度保持在1～5℃，沙子湿度以手握湿沙成团松手不散为宜。越冬期间应注意防冻。早春若温度偏高、湿度过大，易引起霉烂、发芽，所以要勤翻动，使其降温。

2. 插条催根

无花果是热带、亚热带果树，插条生根需要28～30℃的高温，而枝芽生长要求温度为15℃。如气温过高，地温不足，势必造成生理失调。为了快育苗、育壮苗，必须对插条进行插前催根，可以采用电热线插床加温催根。

电热线加温催根要选择阴凉、气温较低、靠近电源的室内或室外铺设催根插床，床宽1.2m、长5m，外围用砖垛成30cm高的围栏，床底铺5cm厚的稻壳等隔热物，再铺5cm厚的砂土。两侧使用木板按间距5cm钉上1列小钉。把100m长、800～1000W的电热线绕铺在床上，再盖上2cm左右的砂土。在苗床中间位置砂土面上插上控温仪的温度计，接通电源，温度调到28℃（图3-8）。

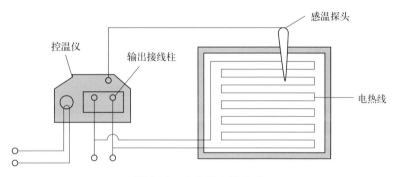

图3-8　电热线布放方式

扦插前取出冬藏的枝条，剪成15cm长含2～3个饱满芽的插条。剪插条时，在枝条上端离芽1cm处剪成平口，下端剪成斜口，以增加与土壤的接触面，有利于生根，又便于识别插条的上下端，以免倒插。为促进插条生根，将剪好的插条进行分级，尽量把长短粗细一致的捆在一起，每捆50根，使下端对齐，放入清水中浸泡12～24h。浸泡时间长短根据插条失水程度而定，剪口较鲜绿的失水少，浸泡时间可短些，剪口发白的失水多，浸泡时间可长些。然后用萘乙酸200～800mg/L浸泡插条基部2～4cm，3min。插条按株行距5cm×10cm垂直插入苗床，用湿沙填充到插条长度的2/3处。

电热温床在电热控温仪的调控下，始终保持28℃的恒温，而温床外空间的气温却要控制在10～15℃之间。一般15天左右，插条下部产生愈伤组织，大部分生出0.5～1.0cm幼根时，即可停止催根。停止催根后，应使温度逐渐下降，使其适应自然环境下的温度条件。

如催根后直接下地栽植，可在当地晚霜结束前20天开始催根。如用塑料大棚育苗，应在晚霜前45天左右开始催根（图3-9）。

3. 苗木出圃

出圃的苗木规格应是：无检疫病虫害，主侧根粗壮，须根多，主干木质化程度高，芽体饱满，苗高50～90cm。苗木近距离移栽应尽量带土坨，需长途运输的应每30～50株捆成1捆，根部打上泥浆，运输途中应保持泥浆湿润。运输时间最好在起苗后或定植前1个月（11月份、3月

图3-9　催根后的插条

份）进行，以免冬季发生冻害。运到后要及时栽植。需要假植的一定要选择土壤疏松的地块，切忌在低洼积水地带假植，也不宜在雨天进行假植操作。

二、科学建园

（一）果园建立

1. 建园地点的选择

无花果保护地栽培以生产鲜食果实为主。因无花果不耐贮运，供应期较长，选择建园地点时应注意以下条件：①距大、中城市较近的郊区。②气候条件良好，日照率高、日照条件好、不易出现强风及暴雨的地块。③地势平坦高燥、土质肥沃、土层较厚的地块。④具有加工贮藏条件和农副产品集散能力的地区。

2. 园地的土壤条件

无花果具有连年丰产的特性，肥沃的土壤是它获得持续丰收的关键。最适宜的土壤为深厚的黏壤土或砂壤土，其有机质含量在2%～3%，含氮量不低于2%，磷含量在0.15%～0.2%，钾含量应超过2%。地下水位低于地面1m以上，有适当的灌溉和排水设施，土壤的相对含水量在60%～80%之间。土壤为中性或偏碱性。

无花果园地切记不要建在栽种过桑树、桃树及葡萄的地块，更不可建在重茬和无花果苗圃地。

计划栽种地块需要进行深翻改土，以增加土壤中的有机质含量。如春季定植，可在前一年秋季挖好定植沟，并提前在沟中施入有机肥。如土壤较黏重同时土壤偏酸，可以通过施入一些石灰和钙镁磷肥来调节。如土质松散，团粒结构差，需拌入黏壤土。经深翻改土后，可改善土壤理化性状，加速土壤熟化，为幼树生长创造良好的土壤环境。

3. 建园的时间

建园定植时间依栽培设施情况而定。

在日光温室或塑料大棚内栽植无花果苗木，为利于根系尽早恢复生长，适宜在深秋进行，在苗木落叶后萌发前及早定植。如在日光温室内栽植，在入冬后覆盖棉被防寒保温，待满足需冷量要求解除休眠后，正常升温管理，第二年就可以结果销售。塑料大棚冬季需要进行埋土防寒，开春需要撤除防寒土，撤土后及时覆盖地膜，进行促成栽培。

若是采取先定植后建设施的步骤，可选择在春季进行苗木定植。苗木栽植后经过半年的生长，在秋季建日光温室或塑料大棚，进行延后栽培，也为下一年生产做好准备。

（二）苗木定植

1. 栽植的行向与株行距

塑料大棚一般采取南北向建造，这样光照较为均匀。无花果苗木栽植行也采用南北行向，行距2m，6～8m宽的大棚可以种植3～4行，株距依整形方式而定。采用单层双臂"文"字形整形的，株距3m；采用丛状整形的，株距2m，以三角形定植。

日光温室通常是东西走向，多采用单层双臂"文"字形整形。东西向搭架，8m宽的温室可栽4行，南侧第一行距温室前底脚1.7m，向北间隔1.6m栽1行。靠北墙1.5m留作过道，株距2.5m，每亩栽133株。为增加后行的光照，定干高度从南向北由0.2～0.4m逐渐提高。

利用温室南侧的拱架作整形的架材，也可采用南北向栽植。拱架间距为8m左右，行距采用1.6m，8m宽的温室可栽3株，南起第一株距温室前底脚1.5m，后两行株距2.5m，北侧1.5m留作作业道，最后一株采用单臂整形。每亩栽156株。6～7m宽的温室也可栽2株。这种行向方便日常管理。

2. 苗木栽植

选用1～2年生的健壮大苗，修剪苗木损伤部分，使伤口表面平滑，蘸上生根粉泥浆，可促进苗根恢复，能有效地提高成活率。

按行向挖宽50cm、深60cm定植沟。沟底施入有机肥、玉米秆、稻草或杂草，并将其与土壤混合在一起回填，填到沟深的4/5处时，浇透水使其沉实。按照每株施腐熟的农家肥25～30kg、过磷酸钙2kg的肥料量与剩下的土拌匀，作定植苗的回填土用。

定植苗木前将栽植坑修平整。高处铲平，低处填起，深度25cm左右。坑中间用土培成小丘状，栽植沟可培成龟背形的小长垄。栽苗时需要将树苗按照定植点放好，做到前后左右对齐、横竖成行。根系周围使用混过肥料的表土回填，定植沟浇水沉实至半干后，即可栽植苗木。将苗木立于土堆顶部，使根系向四周展开，然后分层填入肥土。填土时轻轻向上提苗使根系舒展，将坑填平后踏实，修出树盘，然后浇透水。当水渗干后扶正苗木，再覆土。

苗木栽植的深度应掌握恰当，以根颈略高于土面为宜。若栽植过深，土壤下层温度低且透气性差，会导致树苗发芽晚且生长缓慢，易出现活而不发的现象；栽植过浅导致根易外露，影响根系固地性和耐旱性，成活率下降。

苗木定植后土表面已干时，应锄松表土保墒。浇水根据土壤水分状况确定。松土后可以使用稻草或杂草及地膜进行地面覆盖，以减少水分蒸发，提高土温，促进新生根系生长，提高苗木成活率。

第三节 无花果温室栽培管理

一、设施内环境调控

在11月中旬温室覆盖棚膜，增加覆盖物。白天温度控制在5℃左右，一周后即可通过休眠。元旦以后正式升温，有加温条件的可于12月上旬升温。

1月上旬～2月上旬为催芽期，白天揭苫升温。室温不要超过25℃，夜间注意保温，不低于8℃。

2月中旬～2月下旬为萌芽前期，可逐步升高气温，夜间不低于10℃，白天25℃。

3月上旬～3月中旬为萌芽、展叶期，夜间温度要升高到15℃，白天温度不超过35℃，促使萌芽整齐一致。

3月下旬～5月中旬为新梢生长和花芽分化阶段。此期要将前段的高温降下来，夜间温度13～15℃，白天温度30℃，有利于结果枝的花芽分化和降低结果部位。

5月下旬～9月中旬，可撤掉棚膜与草苫，进入露地生长阶段。但是为了防雨也可保留棚膜，揭开前底脚及顶部薄膜，加强通风。在水肥充足的情况下，允许短时间35℃以上的高温。盛夏时室温过高，可在棚膜上喷水降温。

9月下旬～11月上旬为延迟栽培阶段。应更换新塑料膜和草苫，注意保持夜间温度不低于15℃。

11月中旬～11月下旬为落叶期。白天草苫要落下4/5降低室温，迫使落叶。

12月上旬～12月下旬进入第2年休眠期。白天要放下全部草苫，使室内气温保持在5℃左右。

升温后的第1个月内，注意适当灌水（滴灌），保持土壤湿度。升温后的第2个月内，通过通风和喷水滴灌等，室内相对湿度控制在

60%～70%。可促进新梢生长充实，促进花芽分化和结果。

在升温后的第3个月内，室内相对湿度保持在60%左右。

二、栽培管理技术

（一）整形修剪

一般采用"一"字形树形，树体通风透光效果佳。该树形结果枝在水平主枝上垂直生长，果实由下而上依次成熟，采收管理方便。也可用"V"形、"X"形树形。

1. "一"字形树形

树体结构有2个主枝，干高40cm左右，两个主枝向两边行间呈180°角"一"字形伸展（图3-10）。定植当年定干高度在40cm左右，选留两个顺行向的分枝作主枝；若无主干，也可以选取2个基部丛生枝作主枝，秋季修剪至1m，并拉枝至与地面平行。第2年在主枝两侧每隔20cm培养结果母枝，下拉主枝端部的结果母枝，延长主枝，秋季回缩结果母枝至5cm左右。第3年在结果母枝上培养结果枝，秋季再短截，每5年在距主干10cm处回缩。

图3-10 无花果"一"字形树形

"一"字形树体结构成形快，修剪方法简单；结果母枝均匀分布在主枝两侧；主干低，日常管理省工。但需要注意两个主枝的均衡培养，如果两主枝长势不一致，结果枝容易长歪，需要通过吊枝矫正，否则结果面积小，产量低，结果部位易外移，树势衰弱快。

2. "V" 形树形

用双十字篱架栽培原理，将无花果枝条分两边绑缚于支架两侧，使无花果枝条呈 "V" 形树冠结构（图3-11）。在新枝长至70～80cm时将枝条均匀引缚于两边钢丝上，以便于其生长；当新枝长至150～160cm，可将其引缚在第二条钢丝上。最终将无花果的树冠培养成 "V" 形开张生长。也可以从基部萌发的枝条中选留2～4个枝条，用撕裂膜引缚到定植行两侧上方的铁丝上，当年生长的无花果枝条自基部呈 "V" 形分布于两侧生长。随着无花果新枝的生长，定期将枝条缠绕在撕裂膜上。

图3-11　无花果 "V" 形树形

3. "X" 形树形

定植当年在30cm处定干，选留长势一致、与行方向呈45°并相互垂直的4个枝条作为主枝。无主干的植株可以选留4个丛生枝，培养主枝。秋季对4个主枝拉枝，使其与地面平行，分别与行方向呈45°，长度在1～1.5m。第2年在主枝两侧每隔20cm左右培养1个结果母枝，秋天在结果母枝基部5cm处修剪。第3年在结果母枝上抽生结果枝，每年在结果枝基部或结果母枝处修剪，如果发现主枝或结果母枝老化，应及时更新复壮。

"X" 形树形优点是主干和树冠较低，结果母枝在主枝上均匀分布，树体通风透光好，整形修剪方法易掌握。但培养树形对照前两种树形较复杂，且需要时间较长，如果管理不当，容易出现主枝长势不均衡，需要通过拉枝或吊枝调整结果枝（图3-12）。

图3-12　无花果"X"形树形

（二）土肥水管理

由于无花果树的根多分布于浅土层，在日光温室中栽培时，适当深翻和培土有利于根系深扎。同时，应加强松土除草，以增强根系的吸收机能。

据测定，无花果植株以钙的吸收量为最多，氮、钾次之，磷较少，对钙、氮、钾、磷的需求比例为1.43∶1.00∶0.90∶0.30。因此，应特别注意钙、钾的施用。氮、磷、钾三要素的配比，幼树以1.0∶0.5∶0.7为好，成年树以1.00∶0.75∶1.00为宜。基肥以有机肥为主，一般在9月上、中旬施用。在株间或行间开宽30cm、深20cm的条沟，每株施入25kg腐熟的有机肥。生长季节每年追肥（土施或叶面喷施）5～6次。生长前期以氮肥为主，后期果实成熟期间以磷、钾、钙肥为主。

无花果主要需水期是发芽期、新梢速长期和果实发育期。升温前应灌足水分。地膜覆盖保墒。升温至新梢生长期，每隔10天，在树下灌水1次。果实膨大期需要足够的水分，每隔7天，在树下灌水1次；收获期适量减少灌水，10～15天浇水1次，此次灌水不宜过多，以浸透根系层为度。

（三）果实管理

温室无花果果实成熟期多在7～9月，低节位果实先成熟。从颜色上看，成熟的果实由深绿色逐渐变为本品种颜色，果肉变软，果味浓郁芳香，风味最佳。采收最好在早晨进行，摘果时戴塑料手套，将果实从果柄基部摘下，也可用采果剪从果柄基部剪下。注意轻拿轻放，防止破皮、裂果。

采后的果实最好先放在采果箱中，待没有汁液流出后装入包装盒内。由于果实较软，盛果容器规格不要太小，以防挤压。

果实采收期要注意果蝇为害。果实成熟期的温度较高，果实成熟时果目会开张，一旦有烂果出现就会引起果蝇为害。每天需要及时将成熟的果实摘下，同时将发生果蝇为害的果实摘下后深埋处理。也可以通过悬挂糖醋液诱杀果蝇或喷施化学药剂防治，但在果实成熟期，为保证食品安全不建议采取化学药剂防治。

第四章
树莓栽培与利用

第一节　认识树莓

一、概述

（一）栽培利用历史

　　树莓，亦称托盘、悬钩子，隶属于蔷薇科悬钩子属，是多年生落叶性灌木型果树，树莓中药名为覆盆子，东北及新疆地区称其为马林果。而在园艺学上，人工培育的栽培品种称为树莓。树莓包括分类学上的树莓和黑莓，它们同属不同亚属，树莓属于空心莓亚属，黑莓属于实心莓亚属。树莓的人工栽培最早源于欧洲，罗马人于4世纪开始栽培树莓，16世纪逐渐形成产业，发展至今已有数百年历史。目前，我国栽培的树莓品种繁多，但基本上都是从国外引进的。

　　目前，树莓广泛分布于全世界，波兰、英国、捷克、斯洛伐克、美国、加拿大、澳大利亚和新西兰等国为主要栽培国家。在我国，树莓主要分布于东北、华北和西北等地区。

　　树莓在我国的开发和利用历史悠久，自古就有食用和药用的记载。树莓入药，始载于《名医别录》，被视为珍品。明代李时珍在《本草纲目》中称："悬钩，树生，高四、五尺，其茎白色，有倒刺，故名悬钩。"树莓的引种，最早是由俄国侨民从远东沿海地区引入我国黑龙江省尚志市，在石头河子、一面坡、帽儿山一带开始栽培，逐渐发展成为我国北方地区特有的小浆果种类，但其发展速度一直比较缓慢。直到20世纪80年代，由于其资源珍贵和稀有，才得到了国人的广泛重视和开发利用。此期，科研人员历时10年对我国树莓资源进行了调查、收集、分类等诸多研究工作，建立了我国唯一的树莓属植物田间种质库，选育出了一批有直接利用价值或可作为育种材料的种类，为后续树莓的良种选育奠定了基础。直到2009年，我国树莓产业发展进入快速增长期，辽宁、吉林、黑龙江、北京、河南、新疆等地相继建立了树莓生产基地。中国林业科学研究院、辽宁省果树科学研究所、江苏南京植物研究所、沈阳农业大学等科研院所和高等院校先后从欧美等地不断引进树莓品种，开展配套栽培技术研究，为树莓产业的迅速发展奠定了坚实的基础。截至2018年，树莓栽培面积达9573hm^2，产量达38300t。近年来我国大力推进农业种植业结构调整，树莓已成为云南、四川、贵州、新疆、辽宁、河南等十余省（自治区）推荐发展的首选树种，预计我国树莓新增面积将在2030年达20000hm^2，市场前景广阔。

树莓果实中营养丰富，除含有糖、维生素等营养物质外，还富含过氧化物歧化酶、花青素、鞣花酸、类黄酮等营养保健成分，具有防止脑神经老化、强心、抗癌、软化血管、增强人体免疫力、保护视力等功能。联合国粮农组织将树莓推荐为世界"第三代黄金水果"。树莓的开发应用前景主要归纳为以下几点：①食用营养价值。据研究，每100g红树莓鲜果含水分84.2g、蛋白质0.2g、脂肪0.5g、碳水化合物13.6g、纤维0.3g、钙22mg、磷22mg、镁20mg、钠1mg、钾168mg、维生素A 130mg、维生素B$_1$ 0.03mg、维生素B$_2$ 0.09mg、烟酸0.9mg、维生素C 25mg、维生素B$_9$ 0.20～0.25mg。树莓所含的各种营养成分均易被人体吸收，具有改善新陈代谢、增强抗病能力的作用，是老少皆宜的果中佳品。②药用保健价值。树莓的根、茎、叶均可入药，具有止渴、除痰、发汗、活血等对人体有益的功效。据报道，树莓浆果含有水杨酸，可作为发汗剂，是治疗感冒、流感、咽喉炎的良好解热药。除此之外，树莓果实富含鞣花酸、超氧化物等，对人体有一定的延缓衰老、消除疲劳、提高免疫力、降低血液中胆固醇含量、抗癌和降低化疗引起的毒副作用等功效。③加工利用价值。

除上述的营养价值、药用保健价值外，树莓还可以加工成果汁、果酒、果酱、果干、蜜饯等多种食品。例如黑龙江省尚志市已经建成浓缩汁、果酱、果酒等系列产品生产线，其产品果酒（香莓酒）、果酱（马林酱）行销国内外。此外，已研发出了有一定疗效的树莓中成药。如广东中山大学和广州中药总厂合作以树莓为原料研制的"止血灵"注射液获得成功，为树莓的药用开发利用开辟了广阔的前景。④生态经济价值。树莓因具备抗旱、抗寒、耐瘠薄的特性，果农常常成片集约种植经营，树莓也成为退耕还林、恢复植被、改善生态环境的首选树种。因此，大面积种植树莓可用来对水土流失区域快速绿化、美化，同时会产生良好的生态效益和经济效益。

（二）生物学特性

1. 树莓的根系及生长特性

树莓根系可在任何部位生出不定芽，不定芽的芽轴伸长露出地面，并生成初生茎幼苗。不定芽的产生一般在气候凉爽的秋季，而通常在春季萌发长出地面。树莓的芽形成于10月至翌年3月之间，但在炎热的夏季和寒冷的冬季不能促使树莓形成不定芽。黑树莓的根系一般分布比较深，根上没有不定芽的生成，不发生根蘖株，而由地下茎的基生芽长成新苗。黑莓的新梢呈弓形弯曲状态，当新梢顶端触到地面时，顶芽也会生根，形成新植（图4-1）。

树莓为浅根性果树，分布于土壤上层的根系呈纤维形网状，根的功能

图4-1　黑莓枝条顶端产生不定芽

表现为支持、固着、吸收、合成、贮藏与输导，同时树莓根又是无性繁殖的主要器官。树莓的根系常常伴随历年枝的衰老而相继死亡，因此在距离植株较远处很少能看见较粗（>3mm）的根；且树莓的根系分布范围较小，并因品种及土壤条件的不同而存在差异。通常在距植株60～70cm，树莓根量可占70%以上。根系垂直深度一般在1m以内，其中80%左右的根系在0～40cm土层内，40cm以下的土层不但根量明显减少，且很少见到较粗的根；少数根径大于6mm的根偶尔也能扎入90～180cm的土层深处。综上，树莓表层土壤的根绝大部分为细根。树莓的很多品种易在根上形成不定芽，萌发后长出地面便形成了根蘗苗（图4-2、图4-3）。

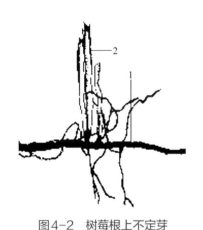

图4-2　树莓根上不定芽

1—不定芽；2—不定芽生长未出土状态

图4-3　树莓根系在土壤中分布

　　树莓根系没有自然休眠期，当外界环境满足其所需要的条件时，周年均可生长。由于树莓浅根性的特点，其根系生长极易受气温与上层土壤湿度的影响。树莓根系的早春活动开始较早，3月中下旬，当20cm深土壤温度稳定在1～2℃时，根系就开始活动并发出新根。

　　树莓根系年周期大致有两次生长高峰，首次高峰出现在4月中旬至5月中旬，此后，由于基生枝的旺盛生长与结果枝的开花坐果，根系生长受到抑制。至8月上旬由于土壤温度较高，加剧了新根木栓化的进程，根系生长处于缓慢期。秋季（10月）至冬季树莓埋土防寒前，地上基生枝的生长已呈现停止状态，树体营养开始向地下根系回流，此时土壤温度已下降，根系开始呈现第二次生长高峰（图4-4）。此时期根系呈现较强的同化作用，正是树莓土壤施肥的良好时期。

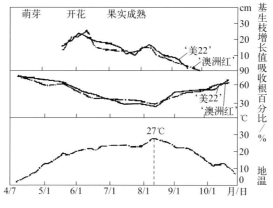

图4-4 树莓根系与基生枝生长动态的关系

2. 树莓的茎和枝生长特性

（1）**根状茎** 树莓的根状茎是由许多历年发出的枝条茎部构成的（图4-5）。每年在一年生枝条基部（土表面之下）形成健壮的芽1～3个，称为基生芽，

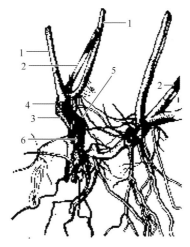

图4-5 '美22'红树莓根状茎

1—基生枝；2—结果母枝；3—二年生根状茎；4—前一年结果母枝残痕；
5—前二年结果母枝残痕；6—前三年结果母枝残痕

第二年发出强壮的一年生新梢，称为基生枝。当年又在该基生枝部形成新基生芽，次年发出新基生枝，如此反复几年之后，在地下形成分枝众多的根状茎。每年在新基生枝的基部发生侧生不定根。老基生枝（二年生枝）基部的根群随着枝条的衰亡也相继衰亡，根状茎上发生新枝和新不定根的位置便逐年向上移动，渐渐高出地面。侧生不定根的长度以及在土壤中延伸的程度依品种特性、土壤性质差异而有所不同。例如在排水良好的砂壤土上，红树莓类型的不定根分布较远，其不定根上带有不定芽，能发出根蘖枝；黑树莓的根系则分布较深，而且根上没有不定芽，因此不发生根蘖。

（2）**基生枝**　树莓基生枝在未成熟之前称为新梢（图4-6）。在春季，树莓新梢开始生长缓慢，随着气温逐渐上升，新梢生长加快，至6月上旬生长速度迅猛，每日可生长3～4cm，达到新梢生长第一个高峰期。之后随着果实的生长发育，新梢生长速度减缓，至8月上旬果实采收进入末期时，新梢生长又加快，达到第二个高峰期。进入9月以后新梢生长量逐渐减少，9月末新梢停止生长。基生枝总长度一般可达2～3m，生长势强旺的品种可达3.5m。

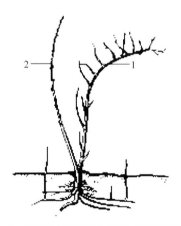

图4-6　树莓结果母枝与基生枝的越冬状态

1—干枯的结果母枝；2—基生枝

树莓新梢在加长生长时呈绿色的草质状态，随着新梢的成熟逐渐变成灰褐色或褐色的木质状态。多数品种枝表皮长有毛刺。有些品种基生枝向阳面为粉红色或略有红晕，并覆有白粉，有的还被有一层蜡质，具有光泽，这样可增强枝条冬季保水能力。

树莓新梢随着生长的结束而逐渐自下而上开始成熟，顶端通常不能达到成熟程度。新梢上部的成熟度，常常因环境条件、营养状况、品种特性的差异而不同，尤其在冬季寒冷地区或后期土壤湿度较大的园地，新梢上部常常不能充分成熟，影响其安全越冬。

（3）结果母枝 树莓基生枝的腋芽一般当年不萌发（双季树莓与黑莓除外），翌年其腋花芽萌发抽生结果枝，而前一年形成的基生枝相对结果枝而言称为结果母枝（图4-7）。结果母枝既不加长生长也不加粗生长，枝内有很大的髓部且没有年轮。除腋芽之外没有新的分生组织，结果母枝的生长和开花结果主要依赖树体的贮藏营养。由于完全没有新的分生组织，结果母枝在结果之后丧失了调运营养物质的能力，在耗尽本身的贮藏营养之后，枝条上部的髓部变空，随后枝干枯，而后顺延到中下部，逐渐枯死。因此，结果母枝前一年的生长发育影响贮藏营养水平，进而对当年的开花结果起决定性作用。

图4-7 黑树莓结果母枝

3. 树莓芽特性

树莓芽的种类有主芽、未成熟芽、果芽和根芽。

（1）主芽　着生于茎基部的主干上，由主干上的侧芽膨大而成。主芽萌发后长出地面形成初生茎。

（2）未成熟芽　未成熟芽着生在茎和侧枝的顶部，一般为叶芽，属于形态和生理上发育不完全的芽。到了生长季的末期，由于气温逐渐降低，未成熟芽同新梢一样停止生长，在越冬后自然枯死。

（3）果芽　果芽着生在茎或侧枝的叶腋间，通常每一节有两个芽，两芽邻接一上一下，上方的芽发育良好，芽体较大，萌发后形成结果枝，开花结果，故称果芽；下方的芽发育不良，芽体弱小，多为叶芽。在特殊的条件下，当上方果芽受损后，叶芽也能发育成为果芽抽生结果枝，但这种结果枝细而弱，结果能力较差。

（4）根芽　根芽形成于根部，是一类发生部位不固定的芽，亦称不定芽。2年生以上的根系根芽居多。根芽的多少常常与品种和土壤条件有很大关系。对于含有丰富有机质、排水良好的砂壤土，树莓根系发达，根芽形成得多；而对于排水不良的黏土，根系生长弱，不定芽形成得少。红树莓大多数品种具有根芽，而黑莓大多数品种的根系不易产生根芽。

树莓的花芽分化主要集中在第二年春季生长开始期，有随生长随分化、单花分化期短、分化速度快、全株分化持续期较长等特点。据研究观察，红树莓品种'美22'在沈阳的生理分化期始于7月上旬，约1周；8月上旬至8月下旬进入花序原基分化期；花芽的进一步分化则集中在第二年4月下旬至5月上旬。东北农业大学谭余等连续五年对当地主栽品种红树莓取样和田间观察，认为在哈尔滨地区红树莓当年形成的基生枝（一年生枝）上的芽入冬前处于芽状态，没有花芽分化的迹象，而在第二年春季芽萌动不久转入花芽形态分化阶段，即5月初；花萼原基分化于5月中旬，雄蕊、雌蕊原基分化于5月16～20日，花瓣原基分化于5月20日左右；性器官形成期于5月下旬至6月上旬，6月上旬开花前性器官分化完毕，此时花开放。红树莓花芽形态分化的速度很快，从开始分化到开花仅用30～40天的时间，而且是当年形态分化当年开花，此情况与猕猴桃相同。

北方地区夏果型红树莓的花芽生理分化期在7月上旬，历时1周左右。而后依次进行初分化、花序分化，开始越冬。次年4月中旬继续进行萼片分化、花冠分化、雄蕊分化和雌蕊分化，一般到5月中旬分化完成。夏果型红树莓采果后应立即剪除结果老枝，并疏除密弱的初生茎，加强肥水管理，以促进分化出更多的优质花芽。

花芽的生理和形态分化，其形成建造过程受遗传因子控制和外界环境条件的影响。由于生殖器官和配子的发生与发育是一个非常复杂的过程，对花芽分化的调查研究还比较少。

4. 树莓果实特性

树莓果实从7月初开始采收直到月末，双季树莓的浆果成熟期一直延续到初霜来临。树莓的果实是由一簇多尾的小核果聚合而成，不论夏果型还是秋果型树莓，成熟后果实都与花托分离（图4-8）；黑莓果实成熟后则不与花托分离。树莓每个果实由70～120个成熟的小核果组成；而黑莓的小核果紧贴在花托上，果心（花托）肉质，可食（图4-9）。树莓聚合果的形状和大小因品种差异较大，就大小而言，'马拉哈堤'品种的果实带果托，平均果重5.39g；而黑莓的果实平均重2.01g。黑莓的不同品种果实大小差异更大，小者平均果重3～5g，大者10～20g。果形则有圆形、扁圆形、圆锥形、圆柱形等。果色随品种变化甚大，有红色、黑色、紫红色、黄色、黄红色等。在温度和空气湿度适宜的条件下，成熟的果实光泽鲜艳、芳香浓郁。小核果果肉多汁，故又称浆果型聚合果。

图4-8　树莓果实

图4-9　黑莓果实

树莓果实生长期长短因品种而异，通常15～30天。其生长曲线为双"S"曲线，分幼果速长期、缓慢果核发育期和熟前速长期。幼果浅绿色而硬，随果实增大，果皮褪掉绿色而呈灰白色，果皮变薄。果实内部糖分及芳香物质逐渐增加。同时，果色逐渐转为本品种具有的颜色，变得柔软多汁，聚合果自然脱离花托而落地。红树莓果实由粉红到深红，过熟为紫色。

树莓果实生长期与花期有较长的重叠，有的品种进入采收期，随后仍有开花的，故花期与果实生长期没有明显界线。重叠长短依品种而异，大多数品种重叠期1～2周。

5. 树莓的花序及开花特性

树莓的花序是有限聚伞花序，形状为圆锥形。圆锥状花序的基部通常具2～3个较长的侧轴，每轴着生5～10朵花，向上侧轴逐渐缩短，只在侧轴的顶部着生1朵花。单株花序数及其着生的位置因品种类型而异。另外，有些品种的花序为伞房状花序（图4-10），如黑莓'奥那利'、黑树莓'黑倩'、黑莓'阿甜'等，这些品种花序的小花梗上部短，向下部依次加长，而且花梗粗壮较挺立，使花序顶形成近似一平面。

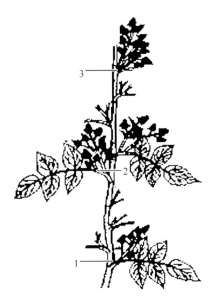

图4-10　双季树莓新梢叶腋中花序着生情况

1—叶腋中1个花序；2—叶腋中2个花序；3—叶腋中3个花序

花两性花，属完全花，一朵花中有雄蕊多数（100枚左右）。花有花梗、花托、花萼、花瓣、雄蕊（花丝、花药、花粉）、雌蕊（柱头、花柱、子房、胚珠）。花萼5枚，萼片基部连接，花瓣5片，与萼片互生呈辐射状。花瓣先端钝圆或微尖，白色或浅紫红色。花瓣的色泽和形态因品种类型而有差别，如黑莓'佳果'、'奥那利'和'阿甜'等，花瓣基部紫红色，中部粉红色，上部粉白色。而红莓类的花瓣多为白色，能自花授粉。

自花授粉结实力强，若配置授粉树，浆果发育更饱满，总产量可提高。每个芽可产生12～13个花序，花序为有限型。花轴自上而下产生花序，每个花序上顶花先开放，而后其附近花开放，花期长达1个月之久。

二、种类与主要品种

（一）主要种类

全世界各地栽培的树莓品种有200多个，但主栽品种不过30个，成为国际市场的商品品种也不过20个。随着栽培时间的推移和技术进步，老品种被淘汰，又不断培育出新品种。我国引进的树莓品种约有60个，产量、规模、面积都不大。由于尚未在全国各区域系统全面地进行品种对比试验，也许有些性状很好的品种在我国尚未表现出来，今后应进一步进行树莓品种的区域栽培试验研究。

目前我国还没有统一树莓品种分类系统。现仅按其特征进行分类，而不考虑与野生种的亲缘关系和系统关系。我国引种的树莓品种大致可以划分为两大类群。

1. 树莓类群

树莓类群的共同特点是果实为聚合核果，花托与果实易分离，成熟后采下的果实呈帽状，故有人称之为空心莓类群。这个类群是目前世界上品种资源最丰富、栽培面积最大的类群。果实颜色以红色为主，其次还有黄色、紫红色、黑紫色。根据果实颜色又分为4个类型。

（1）红树莓类型 果实为红色。又称为红霉。按其特性以及结果成熟期又可分为夏果型红树莓和秋果型红树莓。

（2）**黄树莓类型** 果实为黄色。又称为黄莓。

（3）**黑树莓类型** 果实为黑红色或黑紫色。又称黑红莓。

（4）**紫树莓类型** 果实为紫红色。又称紫红莓。

2. 黑莓类群

黑莓类群的特点是果实为聚合核果，花托与果实不分离，果实成熟时为实心，花托肉质化，故又称之为实心莓类群。果实颜色为黑色。按其特性及形态又可分为3个类型。

（1）**直立类型** 茎（枝）直立。

（2）**半直立类型** 茎（枝）半直立，需支撑。

（3）**匍匐类型** 茎（枝）在地面上呈匍匐状。

（二）主要优良品种

1. '海尔特兹'

美国纽约州农业试验站由'米藤'ב
'考博'ב'达奔'杂交选育而成。其栽培是初生茎结果型品种中最多的。果实质量优良，色味俱佳，硬，冷冻质量高，夏果小，秋果中等，平均单果重3g。成熟迟、秋果晚，不宜种植在夏季凉爽、9月30日以前有霜冻的地方。适应范围极广，直立向上（通常不需要很多支架），易于采收，适宜运输，是商业化栽培的优良品种。对疫霉病、根腐病相对有抗性。根出条极多，可忍耐较黏重土壤，但在排水不良地区易遭受根腐病。早春或冬末从地面刈割，果会更大。

2. '诺娃'

来自加拿大新斯科舍，由'南地'ב'宝尼'杂交选育而成。果重4.1g，亮红色，微酸，适于鲜食和冷冻，耐热也耐寒，但在寒冷地区应限量发展。植株强壮，向上直立，茎刺少，抗病性好，一些常见的茎部病害均能免疫。

3. '萨尼'

来自美国阿肯色州，由'奥那利'ב'黑宝'杂交选育而成。'萨尼'突出优点是强壮、抗病和耐寒，茎刺多，但比'酷它它'果少、果大，质硬，味佳。产量大于'黑倩'。该品种果大而且甜，可做果酱、冰淇淋。6月中旬即成熟，7月底果期结束，是商业性栽培优良品种，自采、加工、庭院栽培皆宜。

4.'三冠王'

果大，味佳，半直立，无刺。该品种是无刺黑莓，来自美国贝尔茨维尔农业研究中心。因其风味好、高产和强壮而得名。果成熟在7月中旬到8月中旬。每株产量（5年生）可达到13.62kg。也适宜于果汁、果酱加工以及制作其他食品辅料。

5.'澳洲红'

成熟基生枝黄褐色，枝上密生小刺，嫩枝上刺为红褐色，易发二次枝。花多为复总状花序，花朵3～5个。浆果近圆锥形，红色，平均单果重3.08g，含糖11.6%，含酸2.7%，含维生素C 0.447mg/g。在我国华北地区7月初浆果开始成熟，8月初为采收末期。大果型，抗病、丰产，但生长势较弱。结果年限较短，极易发根蘖枝。

6.'美22'

基生枝近成熟时为红褐色，有光泽，被有白粉，枝上散生红褐色小刺。花为单花或伞房花序，花朵1～3个。浆果近圆锥形，深红色，平均单果重4.0g，含糖量5.3%，含酸2.6%，含维生素C 0.28mg/g。在我国华北地区7月上旬浆果开始成熟，8月上旬为采收末期。该品种为大果型，抗病品种，坐果率100%，丰产，不易发根蘖枝。

7.'红宝达'

丛生灌木，较直立，灌丛高2m左右。长势中庸，枝条粗壮。1～2年生枝上分布较少的红褐色针状短刺。结果后的2年生枝于当年秋季死亡。成熟果实红色至深红色，圆锥形或短圆锥形。果实大，单果重3.0g左右。果实含可溶性固形物10%，可溶性糖7.7%，有机酸2.2%。出汁率75%，果汁红色，果香味浓。结果能力强，平均花芽率为60%，每结果枝着生11～20个果实，自然坐果率接近100%。定植后第3年结果，第5年进入盛果期，产量为10100kg/hm²。

8. '红宝珠'

该品种枝条直立性强，丛生灌木，高2m左右，长势强。发生根蘖能力极强。茎上少刺或无刺。2年生枝深棕色，其上抽生结果枝，结果的2年生枝于当年秋季死亡。聚合核果成熟时为红色至深红色，圆球形。果实中大，2.5g左右，含可溶性固形物10%、可溶性糖7.0%，出汁率72%。果香味浓，品质佳。结果能力强，平均花芽率为50%，每结果枝着生13～17个果实，自然坐果率接近100%。定植第2年开始结果，盛果期产量可达10250kg/hm²。

9. '秋福'

为夏秋两季结果型品种。果实圆锥形，平均单果重3.8g，鲜红色，硬度大。2年生枝7月上旬果实成熟，1年生枝8月上旬果实成熟。浆果汁液鲜红色，酸甜，有香味，鲜食品质和外观品质优良，果实可溶性固形物含量9.0%。浆果既适合鲜食，也适于加工。综合性状与'美22'和'澳洲红'品种无明显差别。繁殖容易，基生枝萌发能力中等。丰产性强，定植亩产量1200kg（夏季产量660kg，秋季产量540kg）。据国外报道，'秋福'品种在两季树莓中产量最高。抗病性强，烂果率低，未见日灼现象，优果率高，较抗寒。

10. '早红'

果大，平均单果重3.7g，最大果重6.9g。果实呈鲜红色，富光泽，浆果汁液鲜红色，酸甜，有香味，鲜食品质和外观品质优良，明显优于'美22'，稍优于'澳洲红'。浆果既适于鲜食，也适于加工。果实可溶性固形物含量8.2%。丰产性强，定植后第2年亩产量为450kg，第3年为820kg，第4年为1030kg，第5～8年产量为1000～1200kg。抗病性强，较抗寒。

11. '丰满红'

该品种树势中庸，萌芽率中等，成枝力弱。东北地区4月上旬萌芽，5月中旬开花，7月中旬果实开始成熟，一直持续至8月中旬。基生枝5叶开始出现第1花序,自然结实力中等。果实圆头形,鲜红色,外观好,平均单果重4.9g,酸甜适口,品质佳。该品种亩产1500kg,丰产栽培可产2300kg左右。

12.'红宝石'

树势强,萌芽率、成枝力均强。东北地区4月中旬萌芽,5月中旬开花,果实6月底至7月初开始成熟,可持续至8月初。枝条分布许多紫红色针状短刺。自花结实力强。果实圆头形,红色,平均单果重2.8g,甜香味浓,可溶性固形物含量9.8%,品质佳。该品种亩产2000kg左右。抗寒性强。

13.'奇里瓦克'

该品种来自加拿大不列颠哥伦比亚省,是夏果型红莓。果实硬而紧密,具较浓香味,高产,晚熟,鲜食品种,含糖量高。平均单果重3.2g。该品种耐寒,可在东北、西北、华北地区发展。

14.'托拉米'

该品种是加拿大不列颠哥伦比亚省于1980年经杂交选育而成,亲本为'奴卡'×'金普森'。因其果个大、外观美、品质好、结果早、易丰产、树体抗性强、适栽地区广等优点深受人们青睐。按株行距0.5m×2.5m栽植。定植后第2年开始结果,每亩产果360kg,经济效益1440元/亩。

第二节 树莓育苗与建园

一、苗木培育

树莓主要通过两种方式来育苗:一种是有性繁殖(使用种子),另一种是无性繁殖(利用扦插或其他类似技术产生新的植株)。有性繁殖变异比较大,所以常用来培育新品种。通过营养器官进行无性繁殖可以保持母本的优良形状,所以树莓繁殖主要采取这种方法。树莓可采用根蘖苗、压条和茎尖组织培养等方法进行育苗。

（一）根蘖苗繁殖

根蘖苗繁殖是利用休眠根的不定芽萌发成根蘖苗，培育成新植株。6～9月，株丛周围会发出大量根蘖苗，此时可以把长到20cm以上并半木质化的根蘖苗挖出，要确保根蘖苗根系完好。然后将根蘖苗栽植于育苗圃进行培养，按照（15～20）cm×30cm的株行距栽植。为了提高成活率，最好在阴天或雨天进行。栽后要保证土壤水分供应，进行正常的田间管理。在缓苗后追施一次肥，肥料以氮肥为主。为了促进枝条成熟，进入秋季后可以叶面喷施1～2次磷酸二氢钾。落叶后可以将苗起出，分类、计数并做好越冬防护，第2年春季便可用于建园栽植（图4-11）。

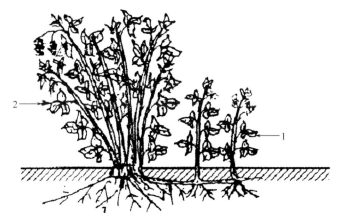

图4-11　树莓的根蘖繁殖

1—根蘖；2—株丛

（二）压条繁殖

有些树莓品种的根蘖萌发力较差，可利用先端压条法和水平压条法繁殖。

1. 先端压条法

黑莓、黑树莓具有茎尖（生长点）入土生根的特性。初生茎生长到夏末或秋初，它的顶部会呈现"鼠尾巴"状态，新形成很小的叶片紧贴在茎尖上。在这个阶段，茎尖最有可能接触地面生成根系，从而抽生新的枝条,最终成为独立的新植株。这个时期可以将茎尖压在土壤里并用湿土覆盖,以此来促进它们的根系发展,这个过程被称为压顶或先端压条繁殖法(图4-12)。生产上可利用黑莓果园或专用苗圃株间和行间空地繁殖苗木。茎顶被压入土后,就会迅速萌发大量的不定根,并长成新植株。新植株将在冬季休眠期间脱离母茎,贮藏越冬后春季栽植。压顶是一种常用的黑莓、紫莓和黑树莓的繁殖方法。

图4-12 黑莓压顶繁殖法

2. 水平压条法

春季枝条萌发前,在株丛附近挖深5~6cm的浅沟,将枝条呈水平状态压入沟内,接着使用木钩或铁丝将枝条固定好后填入疏松的土壤,等到叶腋的芽萌发长出新梢且长度达到20cm时逐步增加培土厚度,使得其从各节生长出新的植株。到了秋季,将新植株和母体分离,便形成若干个新株(图4-13)。

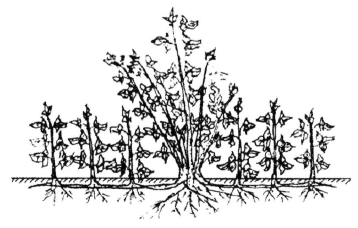

图4-13 树莓水平压条法

（三）茎尖组织培养

为了快速繁殖大量优质苗木，生产脱毒苗木，可以利用组织培养技术进行树莓苗木繁育。通过组织培养获得的树莓幼苗根系发达，田间种植成活率高；植株生长势强，分蘖能力强，进入丰产期快。组培育苗主要有4个步骤：

1. 建立无菌系

在田间采集树莓生长健壮无病虫害的枝条，带入实验室后将叶片剪去，剪成小段后在流水下冲洗干净，可以添加一些洗涤剂清洗。然后在无菌条件下，泡入95%乙醇30s，捞出冲洗后再用升汞灭菌10min，然后用无菌水冲洗3～5次。剥离树莓小茎尖接种在培养基上开始培养。

2. 继代扩繁

无菌系建立起来后，第二个步骤就是快速扩繁苗木，根据育苗的品种选择适合的增殖培养基，进行继代扩繁，约30天继代1次。通过这个步骤可获得大量无性繁殖的树莓组培苗。

3. 生根培养

树莓在增殖培养基中不易形成根，需要转入生根培养基进行生根培养。生根培养基一般需要半量的扩繁培养基的矿质元素和适当生长素。

4. 移栽锻炼

将已经生根的小苗开瓶炼苗2～3天，再移栽到育苗温室的苗床进行锻炼，40～50天后再移到田间定植成苗。

（四）苗木出圃

1. 起苗时间

霜后至土壤冻结前，要进行苗木出圃工作。如果是秋天种植，最好提前进行起苗，而春天种植则需要推迟。起苗前剪除新株地上部分，移出苗圃，并清理苗圃。

2. 起苗方法

为清除可能被携带的病虫源，可以用5波美度石硫合剂喷洒新株根茎；土壤板结土地起苗前要适当浇水，土壤湿润达根茎以下20cm即可，等到土壤不黏时就可开始起苗。距树莓新株约10cm处用铁锹垂直向下挖，深度25cm左右，确保苗木挖出后根系完好。起出苗后要按照苗木分级标准进行分级，同一级苗木按20株1捆捆绑，捆绑时要把根茎摆放整齐。捆绑后迅速挖沟假植，假植时一定要略倾斜单层摆放，接着覆盖潮湿的泥土或者沙子，防止由霉菌导致根部腐烂及苗木根部失水抽干从而降低苗木的成活率，切不可将刚起出的苗木长时间裸露在外。

二、科学建园

（一）树莓对环境条件的要求

1. 温度

树莓的生长和发育对温度的需求会随着生长阶段和发展特性的不同而有所差异（表4-1）。树莓通常在满足需冷量需求之后，在7.2℃时就开始萌芽。露地红树莓需要经过800～1600h的4.4℃平均低温后才能打破休眠。黑莓需要经过300～600h，平均6～7℃的低温才能通过休眠，如果休眠期低温过低或温度波动过大，容易导致植株不能通过休眠。

夏季连续高温超过28℃会明显抑制植株生长。高温会导致叶片蒸腾量加大，叶片出现萎蔫、日灼或枯死现象，受害严重的初生茎的嫩梢枯萎死亡，果实也受害。树莓生长发育的适宜温度为10～25℃，花期适宜温度为20～25℃，枝叶生长适宜温度为15～25℃。不同种类抗寒力不同，红树莓的抗寒力较强，黑莓则较差。据研究，红树莓可以忍受的最低温度为−29℃，紫莓为−23℃，黑红莓为−20℃，黑莓类群为−17℃。因黑莓冬季埋土不方便操作，我国北方大部分地区不宜发展黑莓，发展红树莓也需要埋土防寒越冬。

表4-1　树莓花芽通过物候期的温度条件

物候期	10℃以上积温/℃	10℃以上时间/天	自芽萌发后时间/天
花蕾分离期	190～280	15～19	31～35
始花期	450～555	29～35	45～56

物候期	10℃以上积温/℃	10℃以上时间/天	自芽萌发后时间/天
第一个浆果成熟	950～1095	61～68	81～88
浆果大量成熟	1175～1315	67～76	88～96
最后成熟浆果	1455～1600	93～98	113～118
新梢长1.5～1.8m	1220	60～75	58～82
生长结束	2070	125～140	128～160

2. 水分

树莓是喜水的小浆果树种。如果水分供给不够充足，其生长会显著受限，导致叶子枯黄、光合作用效率大幅度降低，初生茎分化形成花芽的数量和质量明显下降，结实率也将降低，使得果实变小且外观变差。而土壤中水分含量过高则会导致根系不能正常进行呼吸作用而死亡。土壤积水超过十几小时就会对红树莓造成伤害甚至导致死亡。

树莓栽培理想的年度降水范围为500～1000mm。在年降水量低于500mm，在生长季节出现干旱时，应及时灌溉以确保充足的水分供给；而年降水量超过1000mm的地区应具备排水设施，降雨过多会导致结果期出现落果现象。

树莓对空气湿度也很敏感。空气干燥，蒸腾量大，其植株容易受到灼伤并可能导致枯死。开花至果实膨大前，空气相对湿度宜在60%左右；果实膨大至采收期，空气相对湿度宜在70%～80%之间。阴雨天因为环境湿度大，容易引起多种病害的发生。

3. 光照

树莓是喜光树种，充足的光照能使叶片维持较高的光合效率，植株生长茁壮，枝叶繁茂，花芽分化质量好、数量多，开花结果正常，坐果率高，果大，品质优良。相关研究显示，秋果型树莓花芽分化时需要温度在4～14℃和每天6～9h的充足光照，当初生茎长到16～20节时，就可以分化形成高质量的花芽。

4. 土壤

树莓约有90%的根系分布于30～50cm土层，因此，确保这些浅层土壤具有足够的养分和水分是必要的。树莓要求土层深厚、疏松透气、保肥保水力好、富含有机质的土壤。土壤中性或微酸性，适宜的pH值范围在6.7～7.0之间。干旱地区必须配备有灌溉设施，以保证土壤的水分含量。砂性土壤具有良好的灌溉条件，可以配合覆盖措施保持土壤湿度，因此砂壤土也可以种植树莓。对于偏黏重的土壤，通过掺入沙子或增施有机肥进行土壤改良后也可以栽培树莓。

（二）园地选择与规划

树莓园地的选择要依据树莓对环境条件的要求，做到适地适栽。应选择阳光充足、地势平缓、土层深厚、土质疏松、自然肥力高、水源充足、交通便利的地块建园。要尽量避免在风大、低洼易涝、盐碱地建园。沙荒地可通过土壤改良栽植树莓。

如计划建立商品性树莓基地园，必须选择交通便利、附近有冷冻加工厂或适宜设厂的地方。这是由树莓果实不易储存和运输的特点所决定的，也是树莓种植园建设的关键条件。

树莓园不宜选择前3～4年一直种植茄科植物或草莓的地块，以避免黄萎病感染；另如果近期使用过除草剂，要过了除草剂的有害期限才可以栽种。

在选定园地后，首要是进行土壤和地形的调查，了解当地的自然环境状况如地形、天气、土质以及植物等情况，为园地规划设计提供参考依据。在详细规划前，需要对园地进行测量并绘制平面图，明确地形。坡地的高度也需要进行测量，以便于建设梯田和种植等高的植物。

（三）建园地块类型

1. 平原良田

平原良田的土壤土层深厚、有机质含量较高、地势平坦、有完善的水利设施、土壤水分条件好，是良好的树莓园地。此类园地需要关注的重点是土地物理性质、酸碱度和地下水位高低等因素。

2. 沙荒地

我国北方沙荒地面积较大，发展树莓生产的潜力很大。沙荒地存在土层较薄、有机质含量低、保水保肥能力差、土壤导热快等缺点，但其土壤疏松，排水和通气良好，有利于树莓根部发育，同时具备充足的光照，地价也相对便宜，通过对其采取适当的土壤改良措施，也可以改造成适合树莓生产的良好用地。

3. 丘陵山地

在坡度不大的浅丘，通过改造也可以建立树莓园。丘陵山坡上部光照好，温度变化剧烈，空气流通快，蒸发量大，土壤易干旱，因此建园需要具有良好的灌溉条件。坡地建园最好选在山坡中下部的东坡或东南坡。一般来说，南坡树莓果实的成熟时间往往比北坡早，但这也易发生冻害，因此在气候较冷地区宜种在北坡或东北坡。丘陵山地要防止地表径流，做好水土保持工作。在5°～8°的坡上水平带状建园时，每条水平带间修建一条高度为30cm、顶部宽20cm、底部宽50cm的水平环形土埂。如坡度8°～20°，需要修建2～8m宽的水平梯田，宽度小于2m的窄梯田不适宜用作树莓园。

（四）常用架式与设立

通过设置立架并将树莓枝条均匀绑缚在架面上，可以改善树体通风透光条件，提高树莓的光合效率，这是树莓实现丰产的重要关键技术。立架也能防止果实落地受到污染，并且便利了树莓园区的管理活动和采摘作业。树莓可以使用"T"形架、"V"形架和篱架等不同类型的架式。树莓采用何种架式，除了取决于品种特性和园地的管理状况外，还需考虑当地的习惯和经济条件，要经过综合考虑后进行合理的选择和组合。此外，对于架材的选择最好就地选材，因地制宜。

1. 常用架式

（1）"T"形架（图4-14）　可以使用水泥柱架设，水泥柱规格为：边柱10cm×12cm×270cm，中柱10cm×10cm×250cm。至于"T"形横杆的高度，通常每年春季都需要对该高度进行适当的调整，需依据不同的品种及其修剪留枝长度来确定。可以使用14号铁丝或者更经济耐用的类似铁丝性能的单一塑料线来作为整个棚架的拉线。

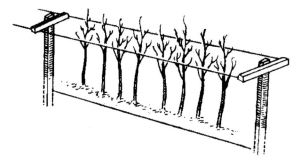

图4-14　树莓"T"形棚架

（2）"V"形架（图4-15）　这种架式主要材料是水泥柱、木质支柱或是角钢。按照事先规划好的行向进行打点，每列立两根支柱，支柱下端埋入45～50cm深，两支柱柱间距离上宽下窄，上端约110cm，下端45cm，它们都朝外呈现出一定的角度，这样就形成了所谓的"V"形架。为了让这些支柱更加稳定，会在每一个支柱的外侧等距离安装带环的螺钉，然后再把预先准备好的拉线从这些圆环中间穿过去并将它们牢牢固定住。根据不同品种生长强弱和整形修剪要求，可以在"V"形垂直斜面上布设多条架线，以便满足不同整形修剪方法的需要。

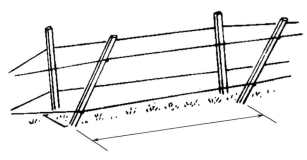

图4-15　树莓"V"形棚架

（3）篱架　篱架主要有单篱架和双篱架，适用于大面积带状生产的树莓园。

①单篱架。在栽植行内每隔5～10m设立一根支柱，在支柱间拉1～2道铁丝，上层铁丝距地面1.4～1.6m高。春季枝条萌芽前将二年生结果母枝均匀绑缚到铁丝上，结果母枝结果后将其从基部疏除。双季树莓

则将二年生枝和一年生枝都绑缚到铁丝上。这种适合于风沙较小、拥有小气候的地区大面积生产发展。但由于树莓抽生一年生枝的能力极强，一年生枝的生长势强，这种管理方式会使一、二年生枝交错混合在一起，增加树莓修剪、绑缚工作难度，影响果实采收和进行机械化操作，影响单位面积产量的提高。

② 双篱架。双篱架的立柱方式如图4-16和图4-17，搭架需要的材料、绑缚方式同单篱架。

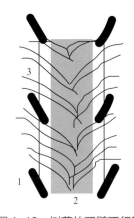

图4-16　树莓的双臂双行架

1—立柱；2—树莓枝条；3—八号铁丝

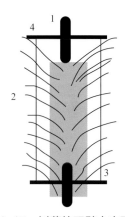

图4-17　树莓的双臂十字形架

1—立柱；2—树莓枝条；3—八号铁丝；4—横杆

树莓的双臂双行架相当于在栽植行两侧设立两个篱架，这两个篱架间隔大约为60cm，在高度1.2～1.4m处拉一道铁丝；而双臂十字形架结构是在栽植行中间间隔5～10m设立一个立柱，在立柱距地面1.2～1.4m高处垂直栽植行和立柱设置80cm长的横杆，在横杆两端距离边缘5cm处拉一道铁丝。在春季将二年生的结果母枝引缚到篱架两侧的铁丝上。因为一年生枝在生长前期直立性状较强，多集中在两臂中间生长发育，可以不用进行引缚，只需及时将栽植行两侧长势旺盛的一年生枝放入栽植行间铁丝内即可，结果枝则在两侧铁丝处生长。双篱架引缚搭架方式适于宽带栽植，其优点除具有单篱架引缚的优点外，每年仅需进行一次引缚即可，还利于结果枝和营养枝的排布，通风透光好，有利于提高果实品质，同时减少引缚人力和物力，利于果实采收，也方便进行机械操作和管理。双臂十字形架搭架方式兼具实用性和经济效益，同时也满足了高效生产的条件。

2. 支架的设置

（1）架材的选择 可选择水泥柱或金属柱等作为树莓支柱。应遵循经济性和耐用性的原则选取架材材料。

① 水泥柱。方形水泥柱厚、宽各为 $10 \sim 15cm$，边柱用高限，中间柱用低限，高度范围为 $2.3 \sim 2.5m$。

② 金属柱。钢管及各种类型的角铁均可用作支柱，但成本相对较高。用各种合金压制成的定型支柱使用起来极为方便。

③ 铁丝。树莓篱架的铁丝粗度可依据在架上的不同部位与支柱的间距即负重大小来选择。一般架上第一道要承受大部分结果母枝的重量，铁丝宜粗一点；支柱间距较大，铁丝也应粗一些。铁丝规格见表4-2，优先考虑镀锌铁丝，这样能有效防止生锈。

表4-2　铁丝的规格

型号	直径/mm	50kg 长度/m
6	5.156	305
8	4.191	463
10	3.440	699
12	2.769	1058
14	2.108	1824
16	1.650	2975

（2）设立方法 立柱埋入土中约 $40 \sim 60cm$ 深，两个立柱间距 $5 \sim 10m$。由于每一行两个末端边缘支撑杆所承受的力量是最大的，需要使用更粗壮且稳固的支柱，埋入地下深度也应较深；还需在行外埋设锚石，用粗铁丝拉紧，使其两侧受力均衡，以便加强边柱的支持效果和稳定性。

铁丝的牵引使得支柱结构稳固，能够承受较大的产量，支柱的使用时间可以达到十几年。而水泥柱的使用寿命可以达到数十年甚至更长，这对于大规模的树莓商品生产非常适合。

（五）栽植技术

1. 平整土地

首先清除园内残存的各种果树，彻底清除树根、杂草根和裸露的石头等物。接着利用推土机平整场地，并用旋耕机全方位深耕一遍，旋耕深度在25～30cm之间，最后划线挖定植沟。

2. 栽植方式与密度

树莓是单株栽植，1～2年后带状成林。因此，合适的种植间距应根据不同种植类型和品种来确定。

（1）双季的'丰满红'树莓 由于'丰满红'树莓在整个生长季节（夏、秋）都能开花结果，且每年都采取平茬的方式进行种植，因此适合高密度种植。在实际生产中，通常会采用120cm×40cm或100cm×50cm株行距。

（2）夏果型红树莓 带宽60～80cm，株距50cm，每亩栽植500～600株。紫树莓和黑树莓株距80～120cm，行距200～250cm，可采用三角形的布局方式来定植，每亩栽植300～400株，进入结果期，结果株数可达1500～2000株。

（3）秋果型红树莓 带宽40～50cm，株距60～70cm，行距180～200cm，每亩定植500～600株，结果株可达2500～3000株。

（4）黑莓 带宽90～100cm，株距70～90cm，行距250～300cm，每亩定植300～320株，结果株可达1500～2000株。

对于土壤肥沃的地块，可适当加大种植密度；如果土壤比较贫瘠，可减小密度。大田栽植可等行等穴，也可大小行等株栽植，每亩控制在600株左右。无论哪种栽植方式，每穴栽2～3株为宜。一般直立型树莓可以适当密一些，匍匐型的稀疏一些。具体栽植密度要充分考虑品种的特性和栽培技术来确定，如果对品种特性还不够了解，就按一般栽植密度进行。

3. 栽植时间

树莓春栽、秋栽均可。春季栽植一般在3～4月，以土壤10～20cm、土层温度稳定在10℃以上为宜；在此期间在保持苗木未能萌发的前提下，以晚栽为好。秋栽在幼苗木质化后至土壤结冻前（10～11月）为好。秋栽以早栽为好，易于成活，第二年春发芽早、生长快。

4. 栽植

栽前苗根部浸水12～24h，按照株行距打点后挖定植沟。定植沟宽60～70cm，深50～60cm。定植沟的走向与定植行平行。挖土时将表土与底土分开堆放。先把表土回填在沟底约10cm厚，再把表土与肥料混匀填入沟里，回填至离地面10cm左右。然后填平定植沟。每株施有机肥25～30kg，果树专用复合肥每株施1kg。沿定植沟两侧做土埂，并根据地面的坡度变化做成长方形的浇水盘，以便灌溉。

树莓栽植要求深栽浅埋。深栽即苗木的根系距地面10～15cm；浅埋就是在苗木周围30cm内，覆土时不要超过枝条原有的土印。树莓春季栽植后，需要一年的时间才能抽出基生枝，这是树莓不同于其他果树的特殊性。秋栽树莓的根系在土壤结冻前可以恢复生长，而此时由于地上部低温、短日照，芽体进入休眠状态，不能萌发，这样可以提高苗木成活率，对第二年的生长有利，所以秋栽的成活率要比春栽高。带盆叶苗，栽植后在遮阳并保持土壤湿度的条件下，生长季都可以栽植。

5. 栽植后管理

（1）保持土壤湿润 苗木栽植后水分管理是重要的任务之一。要经常检查土壤水分，当水分不足时应及时灌水，但要注意灌水量能够润透根系分布层即可。同时也要注意避免因雨季降水导致栽植沟内积水，土壤透气性变差，容易发生烂根。所以，每次灌水后或雨后应适时松土。根据树莓根系分布特点，松土不宜过深，避免损伤到地下根状茎的基生芽，这些基生芽萌发后能形成强壮的基生枝。

（2）绑缚和追肥 基生枝长到50cm左右时应及时绑缚。为保证树莓形成强壮的基生枝，要重视施肥管理。在5月和6月分别追肥一次，每株施15～20g尿素；7月上、中、下旬连续喷3次0.3%尿素叶面肥，上午9时前、下午4时后喷洒；从第二次起加0.3%磷酸二氢钾混合液叶面肥。

（3）修剪 7月份进入新梢生长旺盛期，从基部剪除已结过果的2年生枝，促进新梢生长。

（4）越冬防寒 入冬前（约11月上中旬）灌一次封冻水。越冬防寒要把整个植株用土埋严，避免透风。第二年春季待晚霜过后，当地下10cm土温稳定在4～6℃时就可以移除覆盖物。

第三节　树莓日常管理

一、萌芽期管理

树莓从萌芽、芽开放到展叶为萌芽期，经历5～7天。

1.出土

春季在树液开始流动后至芽体膨大以前，要撤除防寒土并及时上架。如果出土过早，根系还没有开始活动，会导致枝条因风吹而失水；过晚会导致芽在土中萌发，出土上架时易被碰伤。树莓出土应首先撤除土堆两侧的防寒土，枝条露出后再撤除上面的土，以避免碰伤枝芽。撤土之后解开捆绑，将枝扶起，接着再用细绳将其均匀引缚在铁丝或支柱上。为了充分利用空间，切忌多个结果母枝捆绑在一起。上架后要将栽植沟（畦）平整好。

2.搭架引枝

在种植后第二年，需要进行树莓搭架引缚，这样有利于提高叶面积系数，由平面结果转为立体结果，并且让枝条分布更均匀，改善通风和光照条件等。对于枝条的引缚，可以采取支柱引缚、扇形引缚和篱架引缚等方式进行。

① 支柱引缚。用于单株栽植方式的树莓园。在定植的第二年，在靠近株丛的地方设立一根支柱，柱高约1.5～2m，直径4～5cm，其强度需足以承受全株丛的重量。将株丛的枝条全部引缚到支柱上。此种引缚方法简单易行且节省材料，但它的缺陷是枝条受光不均匀，影响结果。替代方案是增加更多的支柱，将一年生枝分别引缚于支柱上，可以避免相互遮挡阳光的问题。

② 扇形引缚。也适用于单株栽植的树莓园。在株丛之间竖立两根支柱，并将相邻两株丛各自的一半分枝固定在这些支柱上。这样的捆绑方式能够保证良好的光照条件，方便管理工作，同时也能提高产量（图4-18）。

图4-18 扇形引缚示意图

③ 篱架引缚。适用于带状栽植树，也适用于单株栽植。每隔5m埋一根立柱，在其上牵引2～3道铁丝，将枝条均匀地绑在铁丝上，使所有枝叶分布均衡且彼此不遮光、通风良好，同时也能提高产出量。若想节省材料成本，可以只拉一道铁丝，高度保持在1m左右，这样能保证枝叶不会过于低垂（图4-19）。

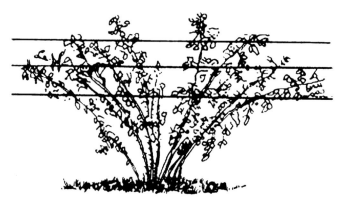

图4-19 篱架引缚示意图

3. 培土

由于树莓茎分为地上茎和地下根状茎的特殊性，随着地下根状茎每年不断抽生新的植株，其根系也不断地向地表上移生长，前4～5年表现不明显，但在之后的时间里，植株根系可能会暴露于土壤之外。要根据需要在中耕时结合松土进行根际培土。尤其是在冬季埋土防寒越冬地区，可在春季撤防寒土时，结合中耕刨地彻底进行一次。

4. 春施基肥

未秋施基肥的，春季要施基肥。

5. 施萌芽抽枝肥

在萌芽后进行，每亩施入20～25kg尿素，在距离株丛30cm的一侧开沟后施入，覆土后，浇一次水。

6. 灌返青水

出土后，应根据土壤含水量适时浇灌一次返青水，这对促进新枝的生长至关重要，尤其是在春季干旱的地区。

二、抽枝、花芽分化期管理

萌芽后开始抽枝，而花芽则从芽萌动期就已开始分化。此期花芽分化的速度非常快，并且会同时生长出大量的枝条，形成一个株丛，这个过程大概需要15～20天。这个阶段容易出现营养供应不平衡的情况，因此必须加强管理，防止株丛徒长导致花芽分化受阻。

及时灌抽枝水。萌芽后，正是春季土壤含水量较低的时期，也是结果枝萌发生长和花芽深度分化期，需要大量的水分来满足其需求。同时由于春季风较大，气温不断升高，土壤中的水分蒸发量大，需要及时足量地浇一次抽枝水，此水要在新植株长到7～10cm高时进行。

三、现蕾开花期管理

树莓花蕾出现于5月上旬至6月中、下旬并开始开花，整个过程大约需要30～40天。花序通常在果实枝条的顶部和叶腋处形成，顶部花序最早出现，接着各个叶腋也会相继展现出花序。

1. 配置授粉树和果园放蜂

虽然树莓是完全开花的，能够通过自花授粉结实，但配置一定量的授粉树可以提高产量和质量。在有条件的情况下，每公顷放置五箱蜜蜂就可以有效地进行授粉。如果授粉不良，容易导致坐果率低，果实松散。

2. 追开花坐果肥

在开花初期，每亩需要使用30～35kg尿素，在距株丛30cm的一侧开沟施入，然后覆盖土壤并浇水。

3. 灌促坐果水

一年生枝新梢生长到坐果期，此时正值副梢迅速生长和结二季果的当年新梢生长发育，充足的水分对坐果至关重要。应结合促开花坐果肥进行浇水，待水渗透下去后再松一遍土。以后要经常保持土壤湿润。

四、果实膨大期管理

树莓的花期较长，果实膨大期与花期部分重合。由于此阶段需要消耗大量营养以开花结果，应该加强对肥水供给的管理。

1. 追果实膨大肥

坐果后果实开始膨大，这个时候易由营养分配不均造成发育不均衡的后果，因此必须及时补充肥料以确保充足的养分供应。这个时期通常持续约35～50天。追肥主要是随浇水进行，每次浇水后间隔7～10天追一次肥，每亩随水追尿素15～20kg。

2. 浇促果实膨大水

进入果实膨大期要经常浇水，保持土壤湿润。通常每隔5～7天浇一次水，直到果实全部收获为止。

五、果实采收后管理

树莓果实采收后，养分主要用于枝条的生长，易出现株丛生长过旺的现象。这个时期如果管理不当就会影响营养回流，进而影响冬季的安全过冬及第二年的正常生长。因此要重视这个时期的管理措施，包括清理掉多余的枝蔓，保证良好的通风透光，同时加强病虫防治，这样才能确保充足的养分向根状茎和芽中转运，从而保证树体能够安全越冬。

1. 秋施基肥

秋施基肥宜早施。树莓施基肥主要采取沟施的方式，对于带状栽植，宜在行的两侧或一侧挖沟，最好是一侧，隔年轮换另一侧。施肥沟距植株40cm左右，深20～30cm，宽度可根据使用的肥料量来确定。挖好沟后，将腐熟的有机肥与土混合后回填施肥沟，表面覆土。其次也可采用行内撒施方法，通常3～4年1次即可，作为沟施的一种辅助方法，可以解决长期沟施导致的树莓水平根不同区域肥料分配不均产生的营养分配失衡的问题。

2. 采收后修剪

在果实收获后，由于结果枝开始逐步枯萎，且株丛中的基生枝过于密集，导致通风和光照不足。因此，应及时疏除结果枝及过密的基生枝。同时，也需要疏除受病虫侵害的枝条，以便保证留下的枝条能够充分接受光照，从而促进其成熟。

六、越冬期管理

尽管树莓在其休眠阶段对冷冻较为耐受，可以承受-40～-30°C的温度，但在冬季降雪少的地方，由于基生枝生长时间较短，其中部和顶部发育不足，同时因为它们的水分保持能力较低，易发生严重的"抽条"现象。为了避免这种状况发生，目前在生产上主要采用压倒基生枝后将其埋土的措施进行树莓越冬防寒。

1. 灌越冬水

当地土壤封冻前的7～10天，为保证树莓能够安全越冬，需要浇一次封冻水。特别是在沙地园和容易发生春旱的区域，此水十分关键。

2. 埋土防寒

树莓在秋季通常不落叶，直到初冬的霜冻之后也不易落叶，只是老龄复叶脱落，但其叶柄不易脱落。因此，树莓防寒时间主要取决于气候的变化情况。不宜过早开始树莓的埋土防寒工作，因为这样会让树莓没有经历抗冻锻炼，从而削弱了它抵御严寒的能力。此外，由于当时土壤温度偏高，可能会导致防寒土堆中产生霉菌，对树莓基部的生长造成影响。但是防寒过晚，土壤冻结后埋土就会变得非常困难，而且冻土块间容易形成缝隙，这会影响防寒效果，减弱埋土保湿及防止基生枝失水的效果。树莓防寒通常是在经几次早霜之后的初冬进行，如沈阳地区在11月上旬防寒。这个时期夜晚的气温相对低一些，土壤会出现冰层，但白天的温度仍然可以维持在5℃以上，土壤中的冰层能够融化。

树莓防寒操作要点：首先对基生枝进行剪截，在枝条基部弯曲处放好枕土，避免当枝条压倒和埋土时将枝条从底部折断。然后沿行向朝一个方向压倒，并对枝条进行捆绑。接着先在两侧培土，再在其上埋土，如果时间允许也可以分两次进行，以免埋土过早。埋土时需要注意边添加泥土边拍实，防止土堆透风。此外，选择挖掘土壤的位置也十分重要，最好是在距离土堆40cm外的地方开始挖掘，这有助于保护植物的根系免受损伤。

第五章
黑穗醋栗栽培与利用

第一节 认识黑穗醋栗

一、概述

（一）栽培利用历史

黑穗醋栗为茶藨子科茶藨子属的落叶小灌木，又称黑豆、黑加仑和斯马劳金等，在栽培学中将它划分为小浆果类。果实近球形、黑色、口味酸甜、清香、营养丰富，适宜进行加工，可制成果汁、果酱、果酒等产品。黑穗醋栗种质资源主要有4个种，分别为黑穗醋栗、吉菩萨、乌苏里茶藨和加洲茶藨。国外黑穗醋栗已有数百年的栽培利用历史，主要分布在北半球（北纬45°）气候较寒凉的地区，主要栽培国家有波兰、英国、德国、俄罗斯、匈牙利、法国、荷兰、瑞典、美国，其中有野生，也有引种。我国黑穗醋栗的主要种植区域分布在黑龙江、吉林、辽宁、新疆、山东、内蒙古等地，在新疆天山、阿尔泰山谷底云杉林下，林缘、山谷溪沟岸阴湿坡及亚高山草甸，海拔1300～3900m有自然分布。黑穗醋栗在我国已经有近百年的种植历史，20世纪80年代初开始大面积发展。目前，黑龙江和新疆等地继续大力发展黑穗醋栗，栽培面积和产量均稳步提升。

黑穗醋栗的果汁紫红色而透明，含糖量7%～13%，含柠檬酸和苹果酸1.8%～3.7%，含有大量的维生素A、维生素B、维生素C、芦丁。其中维生素C含量为98～417mg/100g鲜果，维生素A、维生素B、芦丁含量也相当高。黑穗醋栗成熟叶片中总黄酮含量为112mg/kg鲜重。黄酮类物质具有消炎、治疗心血管疾病等功效。黑穗醋栗的种子中含有多种不饱和脂肪酸，其中生物活性最强的γ-亚麻酸可达12.9%，远高于月见草（含量8.2%），在美国、日本等国已广泛应用黑穗醋栗种子油制成药品，并在临床应用。黑穗醋栗也是供给维生素的工业原料。因黑穗醋栗含酸量较高，白、红穗醋栗的酸度更高（1.94%～3.31%），所以果实一般不供应鲜果市场，主要加工制成果汁、果酒、果糖及果酱等进行销售。

黑穗醋栗果树的寿命为15～20年，定植后第2年结果，第3年开始丰产，丰产性好。每公顷可产10000～15000kg。

（二）生物学特性

1. 花

黑穗醋栗花芽为混合花芽，花为两性花。在春季萌发展叶3～4片时，露出1～3个花序，纯花芽直接萌发花序。花穗不分枝，花从基部向顶部依次开放。每个花序约有5～28朵花，开花后坐果5～16粒。一朵花开3～4天，整个花穗开完需要约10天（图5-1）。

图5-1　黑穗醋栗花穗

2. 结果习性

黑穗醋栗主要以长果枝和短果枝结果为主。栽培管理过程中应注重基生枝调控，培养各龄主枝形成丰产枝形，形成合理的树体结构。同时，对衰老的枝条及时更新，维持合理的株丛结构，保证具有良好的结果能力。在管理上应注意培养三四年生主枝，三四年生主枝上着生短果枝，可以形成短果枝群，使整个株丛保持较强的结果能力。随着黑穗醋栗株龄的增大，要利用新生基生枝培养新的主枝来实现衰老主枝的更新，并通过短截培养短果枝组，从而实现黑穗醋栗丰产稳产。

3. 芽及特性

黑穗醋栗的芽分为叶芽和花芽（图5-2）。叶芽根据着生部位可以分为基生芽、普通叶芽及潜伏芽。基生芽着生于基生枝的基部，萌发形成基生枝；普通叶芽着生于基生枝的中部或侧枝的中部及顶部，萌发后可以抽生出侧枝（新梢）；潜伏芽着生于基生枝下部叶芽以下。中上部的花芽分为混合花芽和纯花芽，混合花芽着生于健壮基生枝中部或各级侧枝中部或顶部，形状为圆形或长圆形；纯花芽多着生于短果枝上。

4. 根系种类及分布

黑穗醋栗的根可分为主根、侧根和须根。根系的水平分布主要在株丛周围1m以内，垂直分布主要在10～40cm的土层中，最深可达1m。根系的分布范围也取决于土壤条件和管理水平。

黑穗醋栗根系生长对土壤水分极

图5-2 黑穗醋栗的芽

为敏感，当土壤水分含量小于18%时，新根生长受到抑制，低于15%则会导致幼根干枯死亡。因此要重视水分供应，尤其在干旱季节要保证充足的灌溉。

5. 果及特性

黑穗醋栗的果实为圆形浆果（图5-3），每穗有5～20个果，单果重0.1～0.8g。果实由子房壁和花托发育而成，果皮颜色为黑色，果肉无色，果实口感柔软酸甜。

图5-3　黑穗醋栗的果实

黑穗醋栗果实生长曲线为双"S"型。果实生长发育阶段可分3个时期：幼果迅速生长发育期，5月下旬～6月上旬；缓慢生长期，6月中旬，持续2周左右；采前迅速生长期，6月末～7月初。果实发育初期由于果实纵径生长速度大于横径，果实呈椭圆形，发育中期，果实纵径与横径均增长缓慢，果实略变圆形，果实采前，果实迅速生长，呈圆形。

二、优良品种

1.'黑丰'

果实近圆形，大小整齐，平均单果重0.95g。树势较强，树姿半开张，枝条粗壮，节间短，株丛矮小，基生枝较少。果实成熟期一致，可1次采收。进入结果期早，产量高，2年生树平均亩产230kg，5年生达1183kg。高抗白粉病，生育期无需药剂防治；抗寒性较差，需埋土防寒。该品种植株较矮，适于密植，定植株行距以1m×2m为宜。由于其进入结果期早，产量高，栽培上要注意加强肥水管理，合理控制负载量，一般1年生以后株产控制在3～4kg为宜。修剪时注意选留和培养2～3年生结果枝，及时疏除4年生以上下垂的结果枝。

2.'寒丰'

果实近圆形，大小较整齐，平均单果重0.87g。树势中庸，树姿半开张，基生枝较多，节间较长，株丛较大。果实7月16日左右成熟，成熟期不太一致，需两次采收。栽后第2年可见果，平均亩产132kg，5年生可达747kg。抗寒性极强，在我国东北大部分地区不埋土可安全越冬；高抗白粉病，正常年份基本不感病，个别年份有轻微发生，可不用药剂防治。该品种因株丛较大，栽植株行距以1.5m×2.0m为宜；因基生枝萌发较多，要特别注意于5月下旬及时除萌，防止树丛郁蔽。修剪时合理选留2～4年生结果枝，并需加强肥水管理。

3.'奥依宾'

果实大小整齐，平均单果重1.08g。树体生长强健，株丛矮小，冠丛紧凑，枝条坚硬，节间短，叶片密。果实成熟期7月上旬，熟期较一致，可1次采收。3年生亩产264kg，4年生为775kg。抗白粉病能力强，一般在果实采收后有轻度发生，但不影响正常的生长结果。抗寒性较强，但仍需埋土越冬。

4.'晚丰'

果实圆形，平均单果重0.91g，果皮黑色，果肉淡绿色。树势较强，树姿较开张，株丛较大，基生枝萌发较多。苗木栽后第2年见果，第4年丰产，2～4年生枝均能结果，以2～3年生枝结果为主。自花结实率及自然授粉率均较高，无需配置授粉品种。定植株行距肥沃地为2m×1.2m、中等肥力地为2m×1m。抽生的基生枝较多，应及时疏去多余的基生枝。5月中旬每丛树保留12～13个壮枝，培养后备结果枝，2年生结果枝留7～8个，3年生枝4～5个，4年生枝2个，剪后保留不同年龄枝25～28个。抗白粉病能力强。在黑龙江省越冬不用埋土，可节省大量的防寒用工。

5.'布劳德'

平均单果质量2.6g，最大单果质量3.7g。果实甜酸适度，可以鲜食或加工。定植后第2年开始开花结果，每个花芽平均着生两个果穗。高抗白粉病。该品种树冠开张，定植株行距应以1.5m×2m或1.5m×2.5m为宜。因其生长势中庸，枝条较软，果大，坐果多，在修剪时要注意：在采果后对4年生以上的下垂枝进行疏除，以克服结果后枝条下垂现象，同时使养分集中于花芽分化；5月中下旬及时除去过多基生枝以利于通风透光，使树冠内果实着色均匀，熟期一致。自交结实率为43%，配置授粉树后增产明显，最佳授粉树为'利桑佳'，其次为'奥衣宾'。冬季埋土防寒即可在我国东北、西北等大部分冷凉地区栽培。

6.'利桑佳'

果实大小不太整齐，平均单果重为0.96g。生长势中庸，株丛小，树冠半开张，枝条软，节间短。果实7月中旬成熟，最好分两次采收。具有明显的早实性，2年生树平均亩产178kg，4年生为830kg。抗白粉病能力强，生育期不用施药。抗寒能力较弱，越冬需埋土防寒。该品种因枝条较软，结果后易下垂，修剪时注意疏掉下垂枝，选留壮枝。

第二节　黑穗醋栗育苗与建园

一、苗木培育

黑穗醋栗的枝条（茎）容易发生不定根，所以非常适宜扦插、压条繁殖。为了保持品种的优良性状，生产上常采用无性繁殖方法育苗。当然也可以采取组织培养技术进行育苗，实现苗木的快速繁殖。

（一）扦插繁殖

1.硬枝扦插

（1）采集插条及贮存 硬枝扦插使用的插条在休眠期即秋季落叶后采集。在生长健壮的优良母株上，采发育充实、芽体饱满、无病虫害的一年生营养枝作为插条。采集的插条按每捆50或100根捆好后贮存，拴挂标签，注明品种、数量和采集日期（图5-4）。插条一般采用沟藏，也可以采用窖藏。贮藏沟应选择地势高燥、背风向阳的地方。沟深80～100cm，宽100cm左右，长度依插条数量而定。沟底部平铺一层湿沙，然后一层枝条一层湿沙来放置，最上部再盖20～40cm的土防寒。在室内或窖内贮藏，可以将插条下部埋入湿沙、湿锯末中，贮藏期温度保持1～5℃为宜。贮藏期间注意检查沙的温度与湿度。在生产中也可采用边剪边扦插的方法，成活率也很高。

图5-4 黑穗醋栗插条

（2）选地与整地 育苗地应在上一年秋季就选好。选择土壤疏松、肥沃、光照充足的地块，深翻30cm，施足底肥。每亩施入2500～3000kg腐熟的有机肥后用旋耕机旋耕2～3次，将有机肥均匀混入土中，然后做宽1～1.5m、距离50～70cm、长度适宜的育苗床。若土壤湿度不足，应浇水后盖上地膜保湿，也可以提高土壤温度，提高扦插成活率。

（3）**扦插时间与方法**　扦插一般在4月中旬进行，此时白天的最高气温可达10～12℃，地温6～7℃。各地由于气候条件不同，可能需要提早或者推迟几天，但是总体来说，越早越好，不能拖得太迟。如果扦插过晚，插穗的芽先萌发会消耗枝条贮藏的养分，从而影响扦插成活率。

将黑穗醋栗枝条剪成10～15cm插穗，插穗下端剪口呈马蹄形，有利于插入土中并增加生根面积。剪好的插穗按粗细分开，50个一捆，注意保护芽眼（图5-5）。然后放入清水中浸泡24h后便可进行扦插。扦插的间距为10cm×20cm或10cm×（10～15）cm，密度不宜过大，过密会导致生长不良，从而影响苗木的品质。扦插深度以剪口与地面相平为宜，覆土后剪口要稍稍露出地面。为了保持土壤水分，扦插后立刻浇一次透水，这是扦插能否成活的关键。

图5-5　黑穗醋栗插穗

采取地膜覆盖扦插可以有效降低浇水的频率。但注意需要提前在地膜上打好扦插孔，避免直接扦插时地膜将插段的剪口封住影响成活。插穗与地面呈45°角顺着小孔斜插，扦插的深度以插段剪口芽与地面相平为宜。扦插后同样要立即灌透水。地膜覆盖扦插方法的优点是，可以保持土壤的湿润环境、提高地温、插穗成活率高、抑制杂草生长及简便易操作、节省人工管理的劳动力成本等。

（4）扦插后管理　黑穗醋栗喜水肥，苗木生长期根据土壤含水量确定是否浇水。进入8月底，为促苗木枝条木质化要适当控水。中耕松土要注意保护苗木根系。苗木生长初期，松土深度为3～5cm，速生期可增加至8～12cm。在苗木生长期，每浇1～2次水，就要松土除草1次。在苗木长到15～20cm时，可追肥一次，施用量为每亩施入15～20kg硝酸铵或尿素。在苗木快速生长时期，可以分两次施用。

黑穗醋栗起苗、假植需要注意以下几点：在起苗前期要停止浇灌以增强幼苗对外部环境的适应能力；起苗时要防止损伤根系；若秋季栽植，起苗后可临时假植。具体操作是，挖深、宽30～50cm的沟，将苗木倾斜于地面，根部放在沟内用湿土填埋。如在春季栽植，可选排水良好的背风处挖沟，沟深30～100cm，迎风面做成45°角的斜壁，把苗木单排摆放在斜坡上，同时要注意保护好根系，最后再用潮湿的土壤盖实，并在顶端铺设一层稻草掩埋。

2.绿枝扦插

利用当年生半木质化的新梢进行扦插为绿枝扦插。与硬枝扦插不同，绿枝扦插的插条正值生长期，枝条内养分较少，为保证扦插成活率，插条必须带有少量的叶片进行光合作用，用以生成有机养分，从而促使其生根发芽。

（1）插条的采集与保存　选择品种纯、生长健壮的母株采集插条，可结合夏季修剪采集。剪下插条马上放入水中，以免萎蔫，然后在阴凉处将枝条截成3～4段，并保留1～2个叶片。

（2）扦插床的准备　为了提升地温并保持适当的高度，建议选择比地面稍高的扦插床，高度大约为20cm。扦插基质可选用河沙、沸腾炉渣，或者泥炭与河沙1∶1或1∶2的混合物，这有助于使插条更容易插在松软的基质中。扦插床需要有遮阳条件，可使用棚高30～35cm简易的塑料棚，也可以在苗床30～40cm高处搭建密集的竹帘进行遮阳。相对湿度维持在90%以上，避免由高温导致营养物质被过度消耗，从而降低扦插存活率。

（3）扦插时期　绿枝扦插的最佳时期一般为6月中旬，因为此时气温较高，植物生长旺盛，且更容易秋季成苗。

（4）扦插　将采集的插条剪截成带2～3个芽的小插条，将最下部一片叶去掉，其他叶片保留。基部用25～50mg/L吲哚丁酸，或15～25mg/L萘乙酸浸泡12～24h，或用500～1000mg/L的吲哚丁酸或萘乙酸溶液速蘸。株行距一般为10cm×15cm，深度以插到叶柄基部露出叶片为宜。

（5）扦插后的管理　绿枝扦插后主要通过浇水、遮阳等方法来调节温湿度。浇水时最好用喷雾方式，喷雾的水滴越细越好，最好在叶面上保持一层水膜，使气孔保持开张状态。遮阳主要是防止高温，阴天或早晚撤掉遮阳棚，以便叶片利用光能进行光合作用。大约两周之后，插条开始生根发芽，这个时候需要逐渐去掉遮阳棚，增加光照，直到小拱棚全部撤除。绿枝扦插的成活率在70%～90%，且根系发育好。

（二）压条繁殖

1. 水平压条

利用黑穗醋栗容易产生不定根的特性，在4月中旬至5月上旬可以采取水平压条的方法进行育苗，即将枝条拉下埋入土中，生根后与母株分离即可成为新株。具体方法是在株丛周围挖5～6cm深的放射状沟，剪掉株丛外围基生枝顶端细弱部分后压倒在沟中，然后用细土填平。萌芽后新梢出土，到5月中旬新梢生长约20cm时再向基部培一次土，土堆高出地面10cm时便可以生根。秋季落叶后将每一小株剪开即可成为新株。

2. 垂直压条

垂直压条不用将枝条拉成水平，而是在直立枝条的基部培土压条。其方法是在春季将枝条自基部留5～6cm进行重剪，以促使其萌发大量基生枝。当新梢长到20cm以上时再培土一次，厚度不超新梢的1/2；过2～3周再培土一次，使土堆高达40cm以上。生根后与母株切断分离，即为新株。一株成龄株丛一年可繁殖几十株苗木。

（三）苗木出圃

宜在秋末冬初落叶后起苗。可用起苗机起苗或人工起苗。起出的苗木要做好标记并按照苗木分级标准进行分级，优质苗木的标准是：品种纯正，根系发达、须根多、断根少，地上部枝条充实并达到一定高度，芽眼饱满，无病虫害和机械损伤。苗木起出后如不秋季栽植，需要做好苗木贮藏工作，可以埋入假植沟中，也可以利用地窖冷库等设施进行贮藏。外运的苗木，运输过程中要对苗木根部做好保湿工作。

二、科学建园

（一）园地选择与规划

园地选择是黑穗醋栗栽培的关键。黑穗醋栗喜光喜温、喜肥沃土壤，因此应选择背风向阳、有机质含量丰富、土质肥沃的地块。在平地不要选排水不良的沼泽地，在山地选斜坡不超过10°的缓坡地带。园址应交通便利，距离加工厂较近。园地选好后需要对果园防护林进行提前规划种植，并对园区的功能分区进行规划，还要确定果园的主栽品种和授粉品种。此外，在建立园区的时候还需要考虑方便管理的因素，以便实现机械化的操作。

（二）苗木栽植

1. 栽植前的土壤准备

（1）平整土地　栽植前首先要平整土地。清除园地内的杂草、乱石等杂物，填平坑洼及沟谷，平整园地，方便作业。

（2）施肥　黑穗醋栗是多年生植物，其生长发育所需要的水分和营养绝大部分靠根系从土壤中吸收，因此为了保证养分供应，栽植前需要施入腐熟有机肥，施入量为每亩4～5t。也可同时施入无机肥料，每亩施入硝酸铵30～40kg、过磷酸钙50kg、硫酸钾25kg。

全园耕翻时，均匀撒施有机肥，无机肥料撒施在1m宽的栽植带上。如果采取的是栽植带（穴）深翻，可在回土时将有机肥拌均匀施入，无机肥料均匀施在1～30cm深的范围内。

2. 栽植时期

定植时期可以在春秋两季进行，春季种植通常在4月下旬进行，此时土壤已经解冻，芽还没有萌发，土壤墒情好，有利于苗木成活。春季定植的苗木灌水2天后要松土保墒。苗木萌芽展叶后，应检查苗木是否成活，发现死株应及时补苗。春栽的苗要比前一年秋栽的萌芽晚。晚秋栽的在10月中下旬土壤将上冻之前进行，随起苗随定植，成活率较高。晚秋栽的苗来年春萌芽早，生长健壮，但在冬季应埋土防寒以确保安全越冬。生长期也可进行栽植，一般在8月份，主要是就地补苗栽植，栽后为确保成活率需要摘除一部分叶片，只留4～5片叶，以减少水分蒸腾。

3. 栽植方法

（1）栽培密度 株行距根据品种、机械化程度和防寒埋土等情况而定。近年来采用小冠密植栽培，一般株行距为1m×2m或1.5m×2m；采取机械化操作的果园，为了便于机械化操作，行距应加大至2.5～3m。每个定植穴栽入1～4株，穴内苗间距离10～15cm。

（2）栽植方法

① 挖坑。先按株行距确定好定植穴，以南北走向为宜，然后挖直径50～60cm、深40～50cm的定植坑，表土与底土分开放。

② 回填土。将腐熟好的有机肥，按照每穴10kg左右有机肥与表土混匀，将混合有机肥的表土回填至定植坑的1/2或2/3处。

③ 苗木处理。先将苗木短截，留下茎基部的8～12cm，保证带有3～4个芽，以便形成健壮的侧枝。

④ 定植深度。低洼地，茎基部应高出地面4～6cm；岗地，茎基部应低于地面6～8cm；平地，茎基部与地面平行或略低皆可。

⑤ 栽植。每个定植穴内可以定植2～3株苗，如果苗木少，每穴定植1～2株，每穴按照距离10～15cm栽入苗木后覆土轻踩踏实并及时浇透水。待水渗下后覆土封穴。也可以采取深植斜栽方式来促进多发基生枝。

4. 栽植后管理

（1）短截　苗木定植后要及时短截，短截有利于缓苗和基生枝生长，易于扩大株丛，提高早期产量。短截程度依苗情确定，苗木健壮的可短截2/3，细弱的短截3/4左右。

（2）施肥　黑穗醋栗定植之后，生长前期可根据植株生长情况，通过叶面喷洒0.3％～0.5％尿素溶液促进植株生长。5月下旬至6月上旬进行追肥，在株丛行间靠植株两边开施肥沟，施肥沟深8～12cm，宽10～15cm，每亩施入15kg磷酸二铵、10kg尿素和10kg硫酸钾，施肥后覆土踏实并及时浇水。8月中下旬可以采用0.3%磷酸二氢钾溶液叶面喷肥，促进枝条成熟，有利于安全越冬。

（3）松土除草　可以采取全园清耕的方法。全年中耕除草5次以上，保持黑穗醋栗栽植行内土壤疏松无杂草。

第三节　黑穗醋栗日常管理

一、萌芽展叶期管理

1. 撤防寒土

在我国东北地区，需依据当年的气候来确定撤土时间。黑穗醋栗在4月中旬（早春气温4℃）的时候开始萌动生长，若解除防寒较晚，芽会在土中膨大，所以需要在3月下旬到4月上旬之间完成撤土工作。长春地区撤土时间在4月7～14日之间，不能早于3月底，不能晚于4月下旬。一般当春季土壤解冻20cm左右时即可撤土操作。

撤除覆土时先将苗木扶起，然后由外向里撤防寒土。操作过程中要避免碰伤枝芽尖，如果有些枝条已经折断，只需在春季修剪时将其剪掉即可。撤土时为避免根部上移，需将树冠基部的浮土撤除干净。

2. 防止霜害

在苗木撤土后，幼苗刚发芽时如遇晚霜，易发生冻害。可以采用熏烟方法减轻霜害，具体做法是在田间地头将秸秆、柴草与潮湿的锯末或乱草交叉摆放在一起，中心立一捆秸秆，用来点火烟熏，每亩4～5堆，每堆15～20kg。在上风口多放下风口少放。这样可以使烟雾充满整个果园区域，创造出一种逆温环境，从而提升温度，抵御霜冻的影响。

3. 休眠期修剪

在解除防寒后萌芽前进行修剪。主要使用疏枝、短截和回缩，疏去病虫枝、衰弱枝和受伤的枝条。短截枝条顶部细弱部分或有病虫害的部分，对多年生枝上的结果枝及结果枝组也要进行疏剪和回缩。

4. 浇催芽水

埋土防寒的果园在撤去防寒土后进行，不需要埋土防寒的地区也要重视这次灌水，它对植株的正常萌芽有促进作用。

二、新梢生长期管理

新梢生长期为从新梢开始生长到停长的一段时期。5月中下旬新梢进入迅速生长期，6月初进入缓慢生长期，7月上中旬再次进入迅速生长期，8月初缓慢生长，8月末至9月初停止生长。成龄果园每年需要追肥2次，可以采取沟施或结合中耕进行施肥。第一次追肥在5月中旬左右进行，主要使用氮和钾肥，每株丛的施肥量应在50～100g之间。

三、花期管理

黑穗醋栗从萌芽到开花大约需要30～40天的时间。5月中旬开始开花，持续10～15天。花期需要进行除萌操作，花前需要浇一次水以促进正常开花，有利于坐果、幼果发育及新梢生长。

四、果实生长期管理

坐果后进入果实生长发育期，一直持续到果实成熟前。具体时间为从6月上旬转入浆果生长阶段开始，到7月上中旬浆果成熟为止。黑穗醋栗从开花到果实成熟需要约50～60天。

1. 追肥

6月中下旬进行施肥，主要使用磷和钾肥，每个株丛的施肥量应在50～100g。如果条件允许，最好在施肥后进行灌溉。由于黑穗醋栗对氯具有较高的敏感性，因此避免使用氯化钾。

2. 浇催果水

于6月中旬浇催果水。这次浇水对果实膨大、花芽分化有明显的促进作用，同时对根系生长也有好处，也会影响当年及第二年产量。

3. 叶面喷肥

果实生长期根据植株需要可以进行叶面喷肥，可以喷施0.3%～0.5%的尿素、0.3%～0.5%的磷酸二氢钾、0.5%～1%的硫酸钾，7～15天喷施一次。

五、果实采收期管理

黑穗醋栗的果实一般在7月上中旬进行采收，不同品种果实采收期不同。果实采收最好在气温较低时进行，如阴天或晴天早晨露水干后，气温较低，浆果不易被灼伤。切忌在雨天、雨后或晴天中午采收。研究表明黑穗醋栗果实在基本着色时，果实中各种营养成分的含量达到最高值，因此果实变成黑色达到生理成熟为最佳采收期，此时采收的果实耐贮运。采收时要保护叶片和枝条，采摘的果实要及时运出，无法及时运出时需要将果实置于阴凉处贮藏。采收过程中要剔除腐烂或变质的果实，以保持整体的新鲜度。

六、果实采收后管理

1. 采后修剪

7月下旬果实全部采收后进行修剪，主要工作是将多年结果的老枝、第二年春季修剪计划的枝条疏除，通过疏去一部分衰老、过密、病虫枝条来节省营养、改善通风透光条件，促进花芽分化。

2.施基肥

在秋季9月上旬至10月上旬施肥，肥料以有机肥为主。施肥量根据产量计算，如每公顷产果10t左右的成龄果园施有机肥30～40t，一般2～3年施一次。采取沟施的方法，施肥沟位置距离根系30cm，施肥沟深10～20cm，宽10～15cm，将有机肥施入后覆土。

七、越冬期管理

10月上旬气温下降到大约5℃时，树叶开始掉落，黑穗醋栗进入生理休眠阶段。

1.浇封冻水

对于不需要埋土保护的品种和地区，可以在土壤冻结之前浇封冻水；而对于冬季需要防寒的地区，应在埋土之前浇水。对非埋土防寒的黑穗醋栗，这次灌水更为重要。

2.埋土防寒

因地理环境和栽培品种的差异，可采取在10月下旬至11月上中旬进行防寒。防寒过早，植株没有经过抗寒锻炼，易受冻害；过晚，土壤结冻不易取土，且枝条容易折断。长春地区以9月30日为黑穗醋栗带叶埋土的安全临界期，即最高气温（16±3）℃，最低（4±4）℃。在此之前，需要完成清理园区的工作，包括收集并焚毁所有残枝落叶及剪除的病虫枝等，以此来减少病虫源。

黑穗醋栗防寒前可以用绳子轻捆枝条，埋土时先在株丛基部垫枕土，然后将枝条拢在一起，向一侧压倒，从行间取土，先埋枝条梢部，后埋中部和基部。然后将枝条向同一侧压倒，埋土厚度一般要覆盖枝条表面5～20cm。防寒时应在行间取土，不可距离根系过近取土，避免伤根，导致根系受冻。如果当地的积雪能够完全覆盖住植株，即使没有做任何额外的防护措施也能安全越冬。

3. 涂白防寒

在冬季不用埋土防寒的地区，可以通过喷涂涂白剂防寒。涂白剂可以购买成品或者自己配制，配制方法：首先分别用水化开5kg生石灰和0.5kg盐，再将溶液混合搅拌均匀后，加入0.5kg植物油配成涂白剂，还可加入杀虫杀菌剂。涂白时间一般在土壤封冻前，对幼树干进行细致涂刷，既可以抵御寒冷，也能防治幼树病虫害。

参考文献

[1] 李亚东. 越橘栽培与加工利用 [M]. 长春：长吉林科学技术出版社，2001.

[2] Paul Eck. Blurberry Science[M]. New Brunswick and London: Rutgers University Press, 1988.

[3] 李亚东，刘海广，唐雪东. 蓝莓栽培图解手册 [M]. 北京：中国农业出版社，2014.

[4] 於虹. 蓝浆果栽培与采后处理技术 [M]. 北京：金盾出版社，2003.

[5] 张含生. 寒地蓝莓栽培实用技术 [M]. 北京：化学工业出版社，2015.

[6] 马骏，蒋锦标. 果树生产技术（北方本）[M]. 北京：中国农业出版社，2006.

[7] 丁武. 食品工艺学综合实验 [M]. 北京：中国林业出版社，2012.

[8] 傅俊范，严雪瑞，李亚东. 小浆果病虫害防治原色图谱 [M]. 北京：中国农业出版社，2010.

[9] 王兴东，魏永祥，刘成，等. 单氰胺在日光温室蓝莓应用试验研究 [J]. 中国果树，2013 (5): 25-27.

[10] 王兴东，魏永祥，孙斌，等. 辽南温室蓝莓丰产高效栽培技术 [J]. 北方果树，2015 (6): 28-30.

[11] 谭钺，吕勖，崔海金，等. 蓝莓设施栽培管理技术要点 [J]. 落叶果树，2014, 46 (2): 51-52.

[12] 陈宏毅，王贺新. 蓝莓温室大棚栽培技术 [J]. 林业实用技术，2009 (5): 43-45.

[13] 杨玉春，魏永祥，王兴东. "斯巴坦" 蓝莓温室高效栽培 [J]. 新农业，2009 (2): 12-13.

[14] 邵福君. 北高灌蓝莓温室栽培管理 [J]. 特种经济动植物，2010, 13(1)1: 49-50.

[15] 姜惠铁，高海霞，李鹤，等. 越橘品种公爵促成栽培技术 [J]. 山东农业科学，2011 (1): 108-110.

[16] 于强波，苏丹. 日光温室蓝莓定植技术 [J]. 北方园艺，2010 (3): 50-51.

[17] 李佳林. 蓝莓主要病虫害及其防治 [J]. 南方农业，2015, 9(15): 2.

[18] 乌凤章，王贺新，陈英敏，等. 我国蓝莓生理生态研究进展 [J]. 北方园艺，2006 (3): 48-49.

[19] 毕万新，于庆，南海龙，等. 蓝莓土肥水管理及病虫害防治 [J]. 中国园艺文摘，2014 (11): 189-191.

[20] 关丽霞，韩德伟. 蓝莓组培苗瓶内浅层液体生根技术 [J]. 上海农业科技，2011 (3): 21.

[21] 陈子顺，徐桂玲. 如何提高蓝莓的成活率 [N]. 2 版. 北大荒日报，2011-5-24.

[22] 孙钦超，刘庆忠. 北高丛蓝莓的适宜树形及整形修剪技术 [J]. 落叶果树，2011 (2): 45.

[23] 苏宝玲，陈薇，范业展，等. 越橘病害概述 [J]. 北方园艺，2010 (6): 218-220.

[24] 柳丽婷，易正鑫，安利佳. 美国越橘虫害的发生与防治 [J]. 北方园艺，2011 (5): 190-191.

[25] 董克锋，秦飞鸿. 黔东南蓝莓锈病的田间识别及药剂防控 [J]. 果农之友，2020 (1): 18.

[26] 李亚东，裴嘉博，孙海悦.全球蓝莓产业发展现状及展望[J].吉林农业大学学报，2018, 40 (4): 421-432.

[27] 黄国辉.蓝莓园生产与经营致富一本通[M].北京：中国农业出版社，2018.

[28] 代志国，杜汉军，年洪伟，等.蓝莓栽培技术-百例问答[M].哈尔滨：东北林业大学出版社，2011.

[29] 於虹.蓝莓高产栽培整形与修剪图解[M].北京：化学工业出版社，2017.

[30] 于强波.设施蓝莓优质丰产栽培技术[M].北京：化学工业出版社，2017.

[31] 翟秋喜，张振东，卜庆雁.图说软枣猕猴桃高效栽培技术[M].北京：中国农业大学出版社，2023.

[32] 翟秋喜，魏丽红.葡萄高效栽培[M].北京：机械工业出版社，2018.

[33] 蒋锦标，卜庆雁.果树生产技术（北方本）[M].北京：中国农业大学出版社，2011.

[34] 卜庆雁，翟秋喜.果树栽培技术[M].沈阳：东北大学出版社，2009.

[35] 艾军.软枣猕猴桃栽培与加工技术[M].北京：中国农业出版社，2014.

[36] 黄宏文.猕猴桃属：分类资源驯化栽培[M].北京：科学出版社，2013.

[37] 钟彩虹，黄宏文.中国猕猴桃科研与产业四十年[M].北京：中国科学技术大学出版社，2018.

[38] 齐秀娟.猕猴桃实用栽培技术[M].北京：中国科学技术出版社，2014.

[39] 冯明祥.无公害果园农药使用指南[M].北京：金盾出版社，2010.

[40] 钟彩虹，陈美艳.猕猴桃生产精细管理十二个月[M].北京：中国农业出版社，2020.

[41] 谢鸣，张慧琴.猕猴桃高效优质省力化栽培技术[M].北京：中国农业出版社，2018.

[42] 黄宏文.中国猕猴桃种质资源[M].北京：中国林业出版社，2019.

[43] 龚国淑，李庆，张敏，等.猕猴桃病虫害原色图谱与防治技术[M].北京：科学出版社，2020.

[44] 李明，韩礼星.猕猴桃标准化生产技术[M].北京：金盾出版社，2019.

[45] 郁俊谊.猕猴桃高效栽培[M].北京：机械工业出版社，2019.

[46] 曹尚银，徐小彪，钟敏黄，等.中国猕猴桃地方品种图志[M].北京：中国林业出版社，2018.

[47] 王跃进，杨晓盆.北方果树整形修剪与异常树改造[M].北京：中国农业出版社，2002.

[48] 李坤灼，张妍.设施园艺[M].北京：中国农业大学出版社，2014.

[49] 张彦萍.设施园艺[M].北京：中国农业出版社，2010.

[50] 汪志辉，贺忠群.设施园艺学[M].北京：中国水利水电出版社，2013.

[51] 艾军，沈育杰.特种经济果树规范化高效栽培技术[M].北京：化学工业出版社，2009.

[52] 孙晓荣.软枣猕猴桃生产栽培技术[M].沈阳：辽宁科学技术出版社，2014.

[53] 李亚东.中国小浆果产业发展报告[M].北京：中国农业出版社，2016.

[54] 曹尚银.无花果栽培技术[M].北京：金盾出版社，2009.

[55] 张晋国，陈敬坤，高京花.浅析无花果的价值及常见品种[J].中国果菜，2018 (2): 8-10.

[56] 乔峰，王敬民，李金平，等.无花果常用树形及栽培模式[J].落叶果树，2018, 50 (6): 65-67.

[57] 王敬斌，蒋锦标. 无花果保护地栽培[M]. 北京：金盾出版社，2001.

[58] 兰英，刘金江，段亚爱，等. 树莓栽培技术百例问答[M]. 哈尔滨：东北林业大学出版社，2011.

[59] 宋德禄，周文志，刘凤芝. 黑穗醋栗栽培技术百例问答[M]. 哈尔滨：东北林业大学出版社，2011.

[60] 彭宏. 特种经济植物栽培技术[M]. 北京：化学工业出版社，2010.

[61] 宁盛，李恩彪. 树莓栽培与贮藏加工新技术[M]. 北京：中国农业出版社，2005.

[62] 辽宁省科学技术协会. 树莓优良品种标准化栽培新技术[M]. 沈阳：辽宁科学技术出版社，2009.

[63] 张海军，王彦辉，张清华，等. 国内外树莓产业发展现状研究[J]. 资源保护与开发，2010 (10)：54-56.

[64] 刘建华，张志军. 树莓产业化开发的现状与展望[J]. 天津农业科学，2004, 10 (3)：45-47.

[65] 刘春华. 树莓的发展前景与栽培技术[J]. 中国农村小康科技，2007 (3)：56-71.

[66] 赵文琦，曲长福，王翠华，等. 树莓的营养保健价值与市场前景浅析[J]. 北方园艺，2007 (6)：114-115.

[67] 刘春菊，宣景宏，孟宪军. 树莓的营养价值及发展前景[J]. 北方果树，2004 (12)：57-58.

[68] 王学勇，张均营，耿和平. 树莓发展中存在的问题与对策[J]. 河北林业科技，2010 (4)：61-63.

[69] 衣杰，李程，宋克文. 树莓生产与市场分析[J]. 北方园艺，2004 (1)：29.

[70] 姜河，修英涛，蔡骞. 我国树莓发展现状及产业化前景分析[J]. 辽宁农业科学，2006 (2)：45-48.

[71] 田家祥. 介绍几个树莓品种[J]. 特种经济动植物，2003 (2)：35.

[72] 刘萍，卫本舒，田炜，等. 5个树莓品种引种初报[J]. 甘肃林业科技，2006, 31 (2)：48-50.

[73] 于有国，靳士义，曹相国. 树莓的生物学特性及栽培技术[J]. 现代农业科技，2009 (19)：118-119.

[74] 卞贵建，周庆阳. 树莓主要经济性状的主成分分析及其优种的选择[J]. 四川林业科技，2006, 27 (2)：68-71.

[75] 蒋桂华，吴延军，谢鸣，等. 树莓、黑莓组织培养及遗传转化研究进展[J]. 果树学报，2006, 23 (4)：593-598.

[76] 樊广英. 树莓的繁殖方法[J]. 中国林副特产，2006, 81 (2)：47-48.

[77] 刘向明. 树莓的扦插育苗及丰产栽培技术[J]. 农业科技通讯，2009 (8)：198-199.

[78] 信国彦. 树莓繁育及高产栽培技术[J]. 烟台果树，2010 (3)：35-36.

[79] 陈琦，黄庆文. 树莓绿枝扦插繁殖技术的研究[J]. 西北农业学报，2008, 17 (5)：229-232, 236.

[80] 张海峰，殷东生，温爱亭. 树莓引种驯化及繁殖栽培技术[J]. 黑龙江生态工程职业学院学报，2009, 22 (6)：17-19.

[81] 张林水，李志民，李波，等. 树莓组培快繁技术体系研究[J]. 山西农业科学，2006, 34 (1)：32-34.

[82] 毛帆，张志环. 树莓的人工栽培[J]. 特种经济动植物，2007 (9)：49-50.

[83] 建伟. 树莓的栽培与管理[J]. 果业科技，2008 (5)：19-20.

[84] 孙伟. 树莓丰产栽培管理技术[J]. 农业科技通讯，2005 (8)：46-47.

[85] 王云华. 树莓丰产栽培技术 [J]. 农村科技, 2010 (2): 43.

[86] 许爱宁, 张念. 树莓日光温室高产栽培技术 [J]. 西北园艺, 2007 (12): 17-18.

[87] 许奕华, 张玉平, 陈梅香. 树莓设施栽培技术 [J]. 上海农业科技, 2006 (2): 68.

[88] 杨国放, 姜河, 王晓峰, 等. 树莓生产栽培管理技术 [J]. 北方园艺, 2006 (2): 76-77.

[89] 罗飞, 王彦辉. 树莓温室栽培技术 [J]. 经济林研究, 2005, 23 (2): 56-58.

[90] 宣景宏, 魏永祥, 李军, 等. 树莓无公害生产技术 [J]. 北方果树, 2007 (3): 79-81.

[91] 李忠海, 尹黎明, 吴波. 树莓优质高产栽培技术 [J]. 防护林科技, 2009, 91 (4): 125-126.

[92] 孙兰英. 树莓栽培管理技术 [J]. 中国农村小康科技, 2008 (5): 35-36.

[93] 刘大平, 郎芳. 树莓栽培技术 [J]. 北方园艺, 2008 (7): 150-151.

[94] 彭方明, 刘红. 树莓栽培技术 [J]. 农村科技, 2010 (4): 51.

[95] 孙丽欣, 吴魁斌. 树莓栽培技术 [J]. 现代化农业, 2006 (6): 14-15.

[96] 许奕华, 张玉平, 陈梅香. 树莓常见病虫害及其防治 [J]. 内蒙古农业科技, 2006 (3): 70, 72.

[97] 向延菊, 郑先哲, 霍俊伟, 等. 树莓采后贮藏保鲜技术及其发展方向 [J]. 农机化研究, 2005 (1): 220-221.

[98] 李德顺. 树莓的主要功能和采后贮藏 [J]. 农业科技与装备, 2010, 181 (1): 58-59.

[99] 吴松梅, 周英. 黑加仑病虫害发生原因及无公害防治技术 [J]. 现代农业科技, 2008 (19): 166.

[100] 王国华, 古丽娜尔. 黑加仑栽植技术 [J]. 农村科技, 2008 (5): 71.

[101] 吴松梅. 黑加仑无公害防治技术 [J]. 新疆林业, 2009 (6): 36-37.

[102] 夏筱丽, 杨国慧, 睢薇. 黑穗醋栗瘿螨的危害及防治 [J]. 中国果树, 2007 (1): 38-39.

[103] 齐凤莲. 黑穗醋栗主要病虫害发生规律与综合防治技术 [J]. 中国林副特产, 2003 (2): 22-23.

[104] 张亚楼, 温浩. 黑加仑营养成分及保健功能研究进展 [J]. 国外医学卫生学分册, 2004, 31 (2): 108-111.

[105] 宋钟伍, 景新华. 浅谈我国发展黑加仑生产的机遇和挑战 [J]. 北方园艺, 2002 (4): 8-9.

[106] 白超, 祖洪元, 黄玉敏. 中国黑加仑浆果资源开发 [J]. 酿酒, 2008, 35 (2): 10-12.

[107] 睢薇, 李光玉, 霍俊伟, 等. 大果优质黑穗醋栗新品种'布劳德'[J]. 园艺学报, 2002, 29 (5): 497.

[108] 周文志, 宋钟伍, 刘凤芝, 等. 黑穗醋栗抗寒新品种晚丰 [J]. 中国果树, 2004 (3): 3-4.

[109] 张志东, 刘海广, 李亚东, 等. 黑穗醋栗新品种'大粒甜'[J]. 园艺学报, 2005, 32 (4): 761.

[110] 刘海广, 李亚东, 吴林, 等. 黑穗醋栗新品种'甜蜜'[J]. 园艺学报, 2005, 32 (6): 116.

[111] 齐凤莲. 黑穗醋栗新品种——黑丰栽培技术 [J]. 中国林副特产, 2002 (1): 31.

[112] 李亚东, 吴林, 张志东, 等. 黑穗醋栗优良品种——黑珍珠 [J]. 园艺学报, 2002, 29 (2): 190.

[113] 陆致成，张静茹，巩文红，等. 我国黑穗醋栗优新品种 [J]. 山西果树，2003 (2): 18-19.

[114] 刘红方，孙文江. 黑加仑嫩枝扦插技术 [J]. 新疆林业，2003 (1): 28.

[115] 李国富. 黑加仑扦插育苗技术 [J]. 农村科技，2009 (8): 92.

[116] 陈建军. 黑加仑全光照喷雾扦插育苗技术 [J]. 新疆林业，2003 (5): 39.

[117] 宋德禄. 黑穗醋栗试管苗繁殖技术的应用、存在问题及解决途径 [J]. 园林园艺，2006 (2): 28-29.

[118] 王刚，苏铁锋. 黑穗醋栗温室快速育苗技术 [J]. 北方果树，2004 (2): 42.

[119] 吾尔拉依尔·那肯. 黑加仑的栽培 [J]. 中国林业，2008 (9): 57.

[120] 闫涛. 黑加仑的栽培与管理 [J]. 农村科技，2007 (11): 44-45.

[121] 王玉荆. 黑加仑防霜冻管理措施 [J]. 农村科技，2007 (10): 36.

[122] 张强. 黑加仑丰产栽培技术 [J]. 农村科技，2009 (11): 33.

[123] 努尔兰·吐尔斯拜. 黑加仑幼树秋季管理 [J]. 农村科技，2008 (9): 69.

[124] 赵丽岩，杨忠生，汤建杰. 黑加仑栽培技术 [J]. 北方园艺，2005 (4): 50-51.

[125] 何金星. 黑加仑种植技术 [J]. 中国林业，2006 (7): 42.

[126] 陈刚，宿在东，杨静荣，等. 黑穗醋栗栽培技术 [J]. 北方园艺，2007 (11): 13.

[127] 刘洪家，邢如义. 黑穗醋栗整型、修剪及其周年生产管理技术 [J]. 农机化研究，2002 (4): 178.

[128] 张艳波，李治国. 黑穗醋栗主栽品种及栽培技术 [J]. 北方园艺，2005 (6): 38-39.

[129] 任运宏. 黑加仑果酱加工技术 [J]. 保鲜与加工，2001 (1): 39.

[130] 赵臣，丁晓燕. 黑加仑果汁冻藏工艺探索 [J]. 中国林副特产，2003 (3): 34.

[131] 杨国慧，霍俊伟，睢薇. 黑穗醋栗抗冻害能力的研究 [J]. 东北农业大学学报，2002, 33 (1): 29-33.

[132] 杨国慧，龚束芳，睢薇. 黑穗醋栗越冬死亡与其形态组织解剖构造关系的研究 [J]. 东北农业大学学报. 2001, 32 (4): 340-341.

[133] 徐海英. 浆果类名特优新果产销指南 [M]. 北京：中国农业出版社，2002.

[134] 夏国京，郝萍，张力飞. 野生浆果栽培与加工技术 [M]. 北京：中国农业出版社，2002.

[135] 全国农业技术推广服务中心. 无公害果品生产技术手册 [M]. 北京：中国农业出版社，2003.

[136] 严英怀，林杰. 果树无公害生产技术指南 [M]. 北京：中国农业出版社，2003.

[137] 董克锋，姜惠铁. 有机蓝莓园建园管理技术 [J]. 科学种养，2012 (11): 22-23.

[138] 程亮. 无花果栽培及采后技术研究进展 [J]. 中国果菜，2022 (11): 78-84.

[139] 黄国辉. 软枣猕猴桃产业发展现状与问题 [J]. 北方果树，2020 (1): 41-43,45.

[140] 魏鑫，王宏光，王升，等. 辽宁省树莓产业发展现状分析 [J]. 北方果树，2021 (3): 48-49.

[141] 李亚东. 小浆果栽培技术 [M]. 北京：金盾出版社，2010.

[142] 孟凡丽，于强波，树莓蓝莓黑穗醋栗优秀高效生产技术 [M]. 北京：化学工业出版社，2012.